# 什么是机械？

# WHAT IS MACHINERY?

王德伦 主编

**图书在版编目(CIP)数据**

什么是机械? / 王德伦主编. -- 大连 : 大连理工大学出版社，2021.9

ISBN 978-7-5685-3005-7

Ⅰ. ①什… Ⅱ. ①王… Ⅲ. ①机械学－普及读物 Ⅳ. ①TH11-49

中国版本图书馆 CIP 数据核字(2021)第 074583 号

**什么是机械?** SHENME SHI JIXIE?

---

出 版 人:苏克治
责任编辑:王晓历　孙兴乐
责任校对:白　露　贾如南
封面设计:奇景创意

---

出版发行:大连理工大学出版社
(地址:大连市软件园路 80 号,邮编:116023)
电　　话:0411-84708842(发行)
0411-84708943(邮购)　0411-84701466(传真)
邮　　箱:dutp@dutp.cn
网　　址:http://dutp.dlut.edu.cn

---

印　　刷:辽宁新华印务有限公司
幅面尺寸:139mm×210mm
印　　张:5.5
字　　数:109 千字
版　　次:2021 年 9 月第 1 版
印　　次:2021 年 9 月第 1 次印刷
书　　号:ISBN 978-7-5685-3005-7
定　　价:39.80 元

---

# 出版者序

高考，一年一季，如期而至，举国关注，牵动万家！这里面有莘莘学子的努力拼搏，万千父母的望子成龙，授业恩师的佳音静候。怎么报考，如何选择大学和专业？如愿，学爱结合；或者，带着疑惑，步入大学继续寻找答案。

大学由不同的学科聚合组成，并根据各个学科研究方向的差异，汇聚不同专业的学界英才，具有教书育人、科学研究、服务社会、文化传承等职能。当然，这项探索科学、挑战未知、启迪智慧的事业也期盼无数青年人的加入，吸引着社会各界的关注。

在我国，高中毕业生大都通过高考、双向选择，进入大学的不同专业学习，在校园里开阔眼界，增长知识，提

升能力，升华境界。而如何更好地了解大学，认识专业，明晰人生选择，是一个很现实的问题。

为此，我们在社会各界的大力支持下，延请一批由院士领衔、在知名大学工作多年的老师，与我们共同策划、组织编写了“走进大学”丛书。这些老师以科学的角度、专业的眼光、深入浅出的语言，系统化、全景式地阐释和解读了不同学科的学术内涵、专业特点，以及将来的发展方向和社会需求。希望能够以此帮助准备进入大学的同学，让他们满怀信心地再次起航，踏上新的、更高一级的求学之路。同时也为一向关心大学学科建设、关心高教事业发展的读者朋友搭建一个全面涉猎、深入了解的平台。

我们把“走进大学”丛书推荐给大家。

一是即将走进大学，但在专业选择上尚存困惑的高中生朋友。如何选择大学和专业从来都是热门话题，市场上、网络上的各种论述和信息，有些碎片化，有些鸡汤式，难免流于片面，甚至带有功利色彩，真正专业的介绍文字尚不多见。本丛书的作者来自高校一线，他们给出的专业画像具有权威性，可以更好地为大家服务。

二是已经进入大学学习，但对专业尚未形成系统认知的同学。大学的学习是从基础课开始，逐步转入专业基础课和专业课的。在此过程中，同学对所学专业将逐步加深认识，也可能会伴有一些疑惑甚至苦恼。目前很多大学开设了相关专业的导论课，一般需要一个学期完成，再加上面临的学业规划，例如考研、转专业、辅修某个专业等，都需要对相关专业既有宏观了解又有微观检视。本丛书便于系统地识读专业，有助于针对性更强地规划学习目标。

三是关心大学学科建设、专业发展的读者。他们也许是大学生朋友的亲朋好友，也许是由于某种原因错过心仪大学或者喜爱专业的中老年人。本丛书文风简朴，语言通俗，必将是大家系统了解大学各专业的一个好的选择。

坚持正确的出版导向，多出好的作品，尊重、引导和帮助读者是出版者义不容辞的责任。大连理工大学出版社在做好相关出版服务的基础上，努力拉近高校学者与读者间的距离，尤其在服务一流大学建设的征程中，我们深刻地认识到，大学出版社一定要组织优秀的作者队伍，用心打造培根铸魂、启智增慧的精品出版物，倾尽心力，

服务青年学子，服务社会。

“走进大学”丛书是一次大胆的尝试，也是一个有意义的起点。我们将不断努力，砥砺前行，为美好的明天真挚地付出。希望得到读者朋友的理解和支持。

谢谢大家！

**2021 年春于大连**

# 序

人类社会从漫长的农耕社会进入现代社会，深刻影响人类生活状态和生产形式的所有事物，机械，可以说厥功至伟。

机械，在人们日常生活中不可或缺，无处不在。在人类社会的第一次、第二次工业革命中，蒸汽机、内燃机、电动机等机械的发明是主角和骨干；在第三次技术革命中，机械是支撑与载体；未来智能技术赋能机械学科，人类科技文明一定会大放异彩。

机械是一个古老的家族，却不断吐故纳新，机械学科内涵不断发展并与其他学科交叉融合，成为各行各业的支撑实体与技术载体。依据用途、功能、结构等指标可分为大小不同、形状各异的各种机械，千变万化、变幻多端，呈现出勃勃生机与无穷魅力。莘莘学子在踏进机械专业大门那一刻，就会被深深吸引。当然，机械类专业的行业覆盖面宽，就业面广，职业发展前景广阔，也是重要的吸引力。

《什么是机械?》是一本机械类专业的科普书籍。编者以应用背景框架替代严谨繁复的教科书叙述方式，以洗练的手笔简述机械发展史，以深入浅出、生动形象的大量案例向读者展示了机械类课程体系的构成、学习能力要求与行业发展前景，有利于帮助读者快速了解机械和机械专业，颇有几分趣味性。

编者王德伦教授请我为本书作序时，我很惊讶——这位交往多年的同行、老友，治学、做事严谨的知名教授，何以在忙碌的教学、科研活动之余，竟然关注起高中生大学报考指导这样一桩“闲事”来？认真读一下这本科普类读物——这绝不是得不偿失的事。

这是一本不可多得的好书，期待读者能从中发现乐趣，祝愿独具慧眼者发掘自己的价值宝藏。

有感于作者对机械的热爱和对青年学子的关爱之情，本人勉力为序。

**教育部高等学校机械基础课程教学指导委员会原主任**

**中国工程院院士 哈尔滨工业大学教授**

邓宗全

**2021 年 9 月**

# 前　言

随着科学技术与社会经济的不断发展，行业与专业知识日益丰富，其具体研究领域与技能专长也在不断细化，人们对于专业的认知与观念不断改变。简洁、明了、客观的专业背景、发展历史、学科理论、知识体系、学生能力、职业发展等信息介绍，可以为学生在选择专业时提供有效的参考，这也是本书编写的宗旨。

本书结合生活常识和熟知事例，介绍了机械的内涵、发展历史、学科性质、知识体系、职业发展等。机械专业学习的门槛较低，其普遍应用于社会生产与生活的各个环节，在人们日常生活和工作中都可以接触；机械对社会进步具有重要的意义，第一次、第二次工业革命的蒸汽机、内燃机、电动机以及当今芯片制造的光刻机、航空航天装备等，都是足以载入史册的重大发明；机械是科学、技术、工程、艺术的完美融合，既涉及物理学、化学、生物学等科学原理，也应用到设计、制造、管理等工程技术；机械学科具有良好的拓展空间，不同

应用行业领域具有不同课程体系与能力要求，课程内容覆盖面广、适用性强；机械专业的行业需求与人才发展空间巨大，社会经济发展对机械行业提出了各类人才岗位需求，可在科学、技术、工程和管理等领域自由发展。

本书由大连理工大学王德伦任主编，大连理工大学王智、张宇博、孙元、武锦涛、李海洋参与了编写。具体编写分工如下：王德伦编写机械的序言；机械与发明创造，无中生有的构思想象；机械与科学，理化生的美妙应用；机械家族图谱，专业覆盖面与名称由来；机械家族后生可畏，新工科。王智编写机械，人类进化与文明的标志；机械与技术，知识体系的转化魅力；机械与工程，分工协助的组织效应；机械家族的传承，共性制造；机械工程/机械设计制造及其自动化专业；机械电子工程专业。张宇博编写机械家族的原材料制造，材料成型及控制工程；材料成型及控制工程专业。孙元编写机械与艺术，功能与艺术的美妙结合；机械家族的功能与形象设计，工业设计；工业设计专业。武锦涛编写机械家族的化工装备制造，过程装备与控制工程；过程装备与控制工程专业。李海洋编写机械家族中最大规模的工程实践，车辆工程和汽车服务工程；车辆工程和汽车服务工程专业。

本书的编写参阅了书籍和一些相关论文，限于本书篇幅，没能全部列出，在此谨向相关的作者表示诚挚的谢意和歉意。

编　者
**2021 年 9 月**

# 目　录

# 序言

吾闻之吾师，有机械者必有机事。

——《庄子·天地》

## ▶▶机械的内涵

机械，字面意思有二：一是指器具与装置，二是比喻人做事呆板、不灵活。可是，将机械拆分为机和械（机：能迅速适应事物的变化，灵活，机智、机敏；械：器具），其字面意思却有灵活运用器具的含义。因此，机械并不“机械”，“机械”乃望文生义误解。

机械是有形实体，是指由若干实体零件有序组合、实现预期功能与运动的工具与装置，如常用的镊子、剪刀、钳子一类的简单工具，还有健身器、自行车等较为复杂的器具。

机械是有形实体和无形信息的融合，是能够自动独立运行、实现预期功能、保持预期形态（不生长、无情绪）的装置，

称为机器。机器由有形实体部分（驱动装置、执行元件、测控硬件）和无形信息部分（软件与数据）组成。简单的机器如电视机、洗衣机、计算机等，属于机电一体化产品或电子器械产品，俗称机电产品或电器。由多个简单机器（部件）组成的复杂装置，如汽车、火车、轮船等，有形实体和无形信息构成复杂系统，属于机器不可分割的组成部分。若机器仅有实体部分则为器械，只有执行机构或构件，才为简单工具。

机械是机器与器械的统称，包括机器与器械及其零件、元件、器件、构件、部件、工具、仪器等人造有形物体，有时与设备、装备、产品、制造等词连用，如机械设备、机械装备、机械产品、机电产品、机械制造等，泛称机械；由于机械是制造业的基本工具，因此也称制造装备。

无论器械与机器，都有体积不同、形状各异、用途多样等特点。有尺寸小到毫米级的芯片和血管机器人，有形态各异的汽车，也有尺寸数百米、重达千吨的复杂大型机器，如飞机、运载火箭等，还有由多个机器组成的各行各业物品生产流水线，如粮食、水泥、钢铁、煤炭、石油等物品的加工生产线。

依据信息指令不知疲倦地为人类劳动的无知觉机器，已经不能满足人类的要求了。在多种场合下，富有表情和美妙语言的服务机器人已经出现。人们更愿意和希望接受表情友好、善解人意的机器服务——赋予机器情感与智能是现代机械的内涵。

未来机器的部件与构件/零件将具备感知环境条件、选择性反应、自我状态调节与修复、新陈代谢、能量转化、自我生长等功能，以这些智能零部件组装而成的器械、机器与装备将是一个有机复合的智能机器人，而其零部件也是不同层次类型的机器人，这标志着智能机械时代的到来。

机器的有形实体部分犹如动物躯干，无形信息部分类似神经系统；机器有形实体和无形信息部分融合一体，通过输入能量或动力转换与变换实现输出力与动作，能够代替人完成特定的任务。

机器的功能是获取与改变工作对象（物质、介质、信息）属性，包括空间位置、几何形状、物理化学性质与形态、能量形式与数量、信息与数据及其表现形式等。改变这些属性采用物理学、化学、生物学或者这些科学的混合与综合原理，称为机器功能原理。若想高效实现机器功能原理，就需要构造相应的科学原理条件及其参数等，如空间与时间、温度与湿度、介质类型与数量、混合与分离、动作与力等，以及这些条件的施加过程、次序、持续时间等，称为功能原理的工艺条件与动作。这些工艺条件与动作的实现称为机器的机械原理。

从功能原理、机械原理到零件结构、材料、尺度、润滑，再到机器性能与测控及其参数的构思、计算与表达，称为机械设计。这些零件的加工、检测、装配、整机试验等，则称为狭义的机械制造，广义的机械制造指机器从无到有的设计与制造全过程。如：汽车发动机功能原理为气缸内可燃混合气燃烧产生热量热能的化学过程通过气体膨胀转化为活塞输出

做功的物理过程，再将活塞往复做功变换为输出轴连续回转做功，最后经传动系统转化为车轮运动，这属于汽车的机械过程。汽车发动机供油与进排气、传动变速与制动等驾驶控制动作为实现汽车功能所需的工艺运动，而实现这些动作的运动原理为机械原理；汽车的功能与机械原理及其零件组成、结构、材料、尺度、润滑、测控、性能及其参数的构思、计算与表达等，即机械设计。依据设计图纸和材料毛坯确定加工工艺、设备、检测、装配（如汽车生产线）与测试等，即机械制造。因此，机器的功能与性能是前提，机器的制造是内涵，核心要素是机器的功能原理、设计方法与制造技术。

### ▶▶机械做什么？

今天，有人的地方，就有机械。

首先，人们生活离不开机器生产的产品，具体体现在衣食住行等生活的方方面面。

人体需适应每天气温变化，通过增减衣物来取暖或降温，布料与衣服来自纺织机械与缝纫机械加工，衣服清洁用洗衣机，温度调节用空调机等。

每天餐饮的食品原料，如米、面、油、酱、醋，这些原料来自粮食机械加工，如去壳、磨面、筛选、烘干等。

每天餐饮的食品来自厨房机械与食品机械的加工，如锅、碗、筷、刀、剪等器械，微波炉、电磁炉、电烤箱、电水壶、电饭锅等炊具机器。

还有，每天生活所用的家庭用品，如住宅与桌、椅、凳、床、柜等家具，也都来自如建筑机械与木工机械的加工。

人们每天为了解社会与群组沟通交流，获取文字、视频、音频等信息，这些都来源于信息机械与机器，如电视机、电话机、手机、收音机、计算机、打印机、印刷机等。

家庭每天需要能源动力资源供应，如供水与排水、供电（动力）与通信、供气（天然气、煤气）等，来自水厂、电厂、气厂的机器——发电机、水泵、锅炉等。

人们每天参与社会活动，往返不同地点的交通运输工具——汽车、轮船、火车、飞机等。

每个人的健康与就医，检测和治疗需要医疗器械与检测仪器，如各类化验检测仪器、手术器械、消毒灭菌装置、超声波/仪、CT 机、核磁共振仪等。

其次，人们的工作离不开机械与机器生产的产品。人们工作在各个行业，各行各业都广泛使用机械，机械化是自动化和智能化的基础，只有普及机械化，才能奠定通向自动化和智能化的道路，实现社会物质文明高度发达。目前，社会化分工的各个产业都普遍使用机械，但机械化程度不同，按照国家标准《国民经济行业分类》（GB/T 4754—2017），国民经济行业共分 20 门类 97 大类，相关行业使用的机械主要有：

农林牧渔业机械：农业机械有农用动力机械、农田建设机械、土壤耕作机械、种植和施肥机械、植物保护机械、农田

排灌机械、作物收获机械、农产品加工机械等。林业机械有常用的采种机、割灌机、挖坑机、筑床机、插条机、植树机等。畜牧业机械有饲料加工机械、畜禽饲养管理机械、畜产品采集加工机械、草原作业与保护机械、牧草收获机械等。渔业机械有捕捞机械、养殖机械、水产品加工机械和渔业辅助机械（保鲜、储存、运输等）四类。这些机械在农业院校有相应的机械专业。

矿山机械：煤、石油、天然气、金属、其他石料等各类矿业的探测、开采、储运等机械，如油气物探、测井、钻井等设备，采矿机械，采掘机械，石油钻采机械，钻孔机械，挖掘机械，运输机械、装卸机械、工矿车辆等。

冶金机械：金属矿山采集的矿石需要冶炼加工，有冶炼设备、连铸设备、轧制（压延）设备和后步精整设备四大类，如高炉、转炉、电炉，冶金焦炭的烧结、球团和焦炉机械，铁液预处理和钢液炉外精炼设备等；板坯、方坯、管坯、异型坯连铸成套设备等；轧制（压延）板材、管材、型材和线材各类冷轧机、热轧机成套设备；精整各种轧材的处理和深加工成套设备。

化工机械：各类化工原料的采集也需要炼制和加工，化工范围很广，如石油化工、化学品化工、煤化工、盐化工、食品化工、生物化工、制药化工等，这些化工过程都使用机械与装备，如石油化工成套设备、大型化肥成套装备、农药合成成套设备、玻璃生产成套设备、食品添加剂成套设备、生物制药机械、塑料加工机械、橡胶加工机械、化纤机械，以及环保机械与设备等。

动力机械：民用和工业用动力及其输送机械等，如发电设备的风力机械、水力机械、热力机械、核能发电机械、地热发电设备、太阳能发电设备和海洋能发电设备等，发动机包括蒸汽机、汽轮机、内燃机（汽油机、柴油机、煤气机等）、热气机、燃气轮机、喷气发动机、水轮机等动力机械。电工机械有输变电技术装备、智能电网关键设备、用电设备（电动机、低压电器、电热设备、电焊设备、日用电器、医用电器、电力牵引设备）、大规模储能技术装备、生物质能源装备和智能电网设备等。

航空航天机械：飞行器在大气层内或大气层外空间（太空）飞行的器械，分为航空器、航天器、火箭和导弹。各类航空器在大气层内飞行，如热气球、飞艇、飞机、滑翔机、旋翼机、直升机、扑翼机、倾转旋翼机等。在太空飞行的称为航天器，如人造地球卫星、载人飞船、空间探测器、航天飞机等，它们在运载火箭的推动下获得必要的速度进入太空，然后在引力作用下完成轨道运动。

交通运输机械：包括铁路、公路和水路等的运输机械。铁路运输机械有机车车辆、工程及养路机械、铁路信息机械、重载货运列车、中低速磁悬浮车辆、新型城轨装备和新型服务保障装备、城市轨道交通辅助机械（电动扶梯、售票与安检自动门、空调、通风、给排水、消防、电源）等。公路运输机械有汽柴油车整车、新能源车整车、特种改装汽车、低速汽车（农用车）、电车、汽车车身制造生产线、挂车、牵引车、翻斗

车、自卸车、叉车、摩托车、自行车等。水路运输机械有机动船和非机动船，机动船如汽轮机船、柴油机船、燃气轮机船、联合动力装置船、电力推进船、核动力船等，非机动船如帆船、轮帆船等；海洋工程装备有钻井平台、生产平台、浮式生产储油船、卸油船、起重船、铺管船、海底挖沟埋管船、潜水作业船等。

建筑机械：包括挖掘机械、铲土运输机械、压实机械、工程起重机械、桩工机械、路面机械、混凝土机械、混凝土制品机械、钢筋及预应力机械、装修机械、高空作业机械、轨道建设的路基施工机械、隧道施工机械（盾构机）、桥梁施工机械、铺轨机械和养路机械等。

轻工机械：包含食品机械、烟草机械、木工机械、纺织机械、服装机械、皮革机械、造纸机械、印刷机械、包装机械、陶瓷机械、体育机械、传媒机械、医疗器械等。

制造装备：使用机械与机器生产本行业与其他行业的机器与器械及其构件、零件、元件、器件等，主要包括机床、工具、模具、量具、仪器仪表、基础零部件、元器件等，还有金属制品、专用设备制造、交通运输设备制造、武器弹药制造、电气机械及器材制造、电子及通信设备制造、仪器仪表制造业制造等，尤其是成套类装备制造，如各类生产线制造（食品、化工、冶金、汽车等成套生产线）。

## ▶▶机械的意义

随着人类社会的发展与物质文明的进步，机械的重要基础地位越来越突出，主要体现在如下方面：

首先，人们的生活越来越离不开机械。机械在当今人类日常生活和工作中无时不在、无处不在。很难想象：没有机械，人类将如何生活？假如不使用机器和机器生产出来的产品，社会将会是什么情景？比如：若弃用现代粮食、炊具、车辆、手机、医药等，人类则只能徒手攀爬果树、手工采摘野果充饥，徒步追赶、捕捉动物进行野火烹饪；人们只能面对面交流，饥饿、劳累和疾病将时刻提醒人们，离开人类文明高度发达的载体——机械，人们的生活质量将会大打折扣。哪怕是倒退到产业革命前，都是不可想象的事！

其次，各个行业的快速发展，越来越需要机械装备产业的支撑。人类社会的产业分工与协作，从资源型产业、生产制造业到服务业，各行各业都在使用机器生产的产品和使用机器进行服务或处理事务。从农、林、牧、渔与石油、煤炭、矿山资源开采，到各类产品的生产制造，以及各种物质与文化的消费服务，无论在哪个产业、行业、企业，提高效率和效益都依靠着机械与机器的技术进步。即使是人工智能、大数据和机器人技术迅猛发展的信息时代，其信息载体和硬件支撑技术基础还在于 IC 制造技术与机械装备，依托于机械装备的制造和实现！

再次，国家发展需要机械装备，机械装备产业不仅为国家和社会经济各部门进行简单生产与再生产提供装备，承担着为国民经济各部门提供保障、带动相关产业发展的重任，还是工业的心脏和国民经济的生命线，同时也是支撑国家综

合国力的重要基石。各行各业的装备是由制造装备的工业“母机”生产出来的，典型的如数控机床、柔性制造单元、柔性制造系统、智能制造系统、工业机器人、大规模集成电路及电子制造设备、成套装备生产线等。因此，制造装备的装备是机械装备发展的基础。各行各业的机器设备制造是由各种部件、零件、元器件等基础零部件制造产业支撑的，零部件产业的先进程度决定了整机的产业水平，如液压、气动、轴承、密封、模具、刀具、低压电器、微电子和电力电子器件、仪器仪表及自动化控制系统等，是机械行业的重要技术基础件。机械制造推动着国民经济的发展，国民经济各部门（农业、能源、交通、原材料、医疗卫生、环保等）所需的重大成套技术装备都依靠机械，如矿产资源的开采设备，大型火电、水电、核电的成套设备，超高压交、直流输变电成套设备，石油化工、化学化工、煤化工、盐化工的成套设备，黑色金属和有色金属冶炼轧制的成套设备，航空、铁路、公路等所需的先进交通运输设备，污水、垃圾及大型烟道气净化处理等所需的大型环保设备，大江大河治理、隧道挖掘和盾构、长途输水输气管网等大型工程所需的重要成套设备，先进适用的农业机械及现代设施农业成套设备，大型科学仪器和医疗设备，大型的军事装备，通信及航空航天装备，印刷设备、工程机械成套设备等。

最后，机械装备技术的发展同时促进着人类社会的发展与文明的进步，正在发生的第四次产业革命会导致什么样的技术、经济、社会的变革？比如，智能化的机械装备——无人驾驶汽车，将会导致什么样的社会交通机制与交通装备技术的变革？智能化机械装备——智能机器人的使用越来越便捷，实现数字化、智能化运行，将会导致人类社会与产业的哪些分工变革？创意引领功能的脑机连接——人造大脑的时代到来了吗？机械装备送入太空的星链——互联网技术的边界在哪里？人类社会的沟通和交流将如何变革与发展，又会导致什么样的机械制造技术时代的到来？机械装备将人类送入宇宙——登陆火星？人类步入宇宙时代的到来？机械装备技术水平体现人类物质文明程度，人类文明的飞速发展引领着制造技术与机械装备的一次又一次变革与创新，人类已经完成三次产业革命，正在期待进行中的第四次，未来必将还有第五次、第六次、第七次……然而，每次产业革命都必将体现制造技术与机械装备的创新与进步！

## 机械，人类进化与文明的标志

究天人之际，通古今之变。

——《报任少卿书》

谈及人类社会的文明程度和发展阶段，人们经常使用古代、近代和当代进行区分，这些时代的标志是什么？为什么谈起“古代”，就会联想人力、畜力、水力和风力等自然原始动力驱动的石器、铜器、铁器以及马车等器械？为什么说起“近代”，就会联想以蒸汽机、内燃机与电动机等为动力的火车、汽车、飞机？而在论及“当代”或“现代”，为什么就会列举核电、卫星和计算机、手机、机器人等？机械既是人们日常生活中不可缺少的伙伴，又是生活水平与物质文明程度的标志。

### ▶▶机械与工具，人类进化的阶梯

人类自诞生开始就在不断地探索和改造生存环境。在探索和改造的过程中，人类发明了各种工具器械来解决很多仅靠“人力”无法完成的事情。工具器械的使用显著地提升了生产力，推动了人类的进化与社会的进步。

## ➡➡工具器械推动社会发展，人类古代物质文明

人类与动物的本质区别在于人类能够制造和使用工具。在物资匮乏的远古时期，人类利用石头、木材等天然材料制造工具，我国的元谋人和蓝田人遗址出土了大量的石斧、石锤等石制工具。石器的制造和使用都依靠人力，虽然结构简单，但有效地增加了远古人类的生存能力。因此，历史上通常将这一时期称为“石器时代”，以反映当时人类的生活水平和物质文明程度。石器是机械的远祖，对于远古人类社会的发展起着决定性作用。

公元前 5000 年左右，人类开始使用铜制造工具和武器。与石器相比，铜器具有更好的可塑性，代表了当时人类制造技术的最高水平，历史上以“铜器时代”来冠名这一时期。铜铸造业的蓬勃发展促使上述地区成为当时世界的经济文化中心，这些地区也是古代机械发明的集中区域。我国商代晚期的后母戊鼎以其精美壮丽闻名中外，被誉为世界级珍品；战国时期的曾侯乙编钟(图 1)是世界上发现的最大音乐群，被誉为世界第八大奇迹。

铁器(陨铁)出现于公元前 2500 年左右，其制造的原材料最早来源于陨石，之后人类逐渐掌握了炼铁的技术，铁器开始广泛应用于社会生产，人类历史进入“铁器时代”。铁器的耐用性与锋利度远超石器和铜器，具备了很多石器和铜器无法实现的功能。在以农业生产为主的古代社会，铁质工具的使

用极大地提高了社会生产力，例如铁犁牛耕（图 2）的发明和使用，将畜力、器械和人力结合起来，改善了人类的耕作模式。

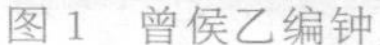

图 1　曾侯乙编钟

图 2　铁犁牛耕

人类从使用工具进化到使用机械，大体与进入铜器时代的时间相近。几千年前，人类就创造了用于谷物脱壳和粉碎的臼和磨，用来提水的辘轳等。马车的发明和使用提高了物资和人员的转运能力与效率，推动了交通运输业的发展。在欧洲文艺复兴运动之前，中国发明的机械数量长期在世界上居于领先地位，具有代表性的机械发明，如织布机（图 3），宋末元初的棉纺织家黄道婆总结出“错纱、配色、综线、挈花”的织造技术，教乡人改进纺织工具，制造出了擀、弹、纺、织等机械，推动了我国古代棉纺织业和棉花种植业的迅速发展。

图 3　织布机

古代机械发明多是依靠匠师的聪明才智和经验，需求与灵感来源于社会生产。从古代人类社会发展历程可以看出，工具与机械是推动人类进化与社会进步的主要动力，其发展水平直接体现了人类的生活水平和物质文明程度。

### ➡➡动力机械引领工业变革，人类近代物质文明

从欧洲文艺复兴时期开始，人类社会逐渐进入工业化时代。工业化是指工业在一国经济中的比重不断提高以至取代农业，成为经济主体的过程。产业革命推动了工业化的进程，动力机械是近代历史上两次产业革命的先驱。

在第一次产业革命之前，工业生产的主要模式是手工生产，如棉纺织业，主要依靠家庭作坊或手工工场进行生产。随着工场手工业的发展，生产效率低、动力不足等瓶颈问题日益突出，机械化大生产迫在眉睫。在这种背景下，第一次产业革命爆发，瓦特蒸汽机(图 4)作为动力被广泛使用，促使机械生产逐渐替代手工生产，大量的机械创新在各行各业中不断出现。蒸汽机使社会生产力获得了极大的进步，推动了工业的快速发展。

图 4　瓦特蒸汽机

工业进入大规模机械化时代后，蒸汽动力的缺点逐渐显现，例如不便于小型化、机械传动效率低且距离有限、难以实现流水线作业等。工业的发展需要寻找更理想的动力，由此拉开了第二次产业革命的序幕。发电机与电动机（图5）的出现为工业提供了新的动力，引领人类社会进入“电气时代”；内燃机（图6）的发明解决了长期困扰人类的动力不足的问题，为汽车和飞机的发明奠定了基础，引起了交通运输业的变革。第二次产业革命以电动机与内燃机的广泛使用为标志，促进了电力工业、石油工业、汽车工业、化工工业等重工业的大踏步前进，使大型工厂能够方便地获得动力供应，让大规模流水线生产成为可能。

图5　电动机

图6　内燃机

由人类近代历史上的两次产业革命可知，机械作为工业技术革新的核心，是导致并加速两次产业革命的直接推手。机械的变革通常伴随原理的变革，包括机械原理、物理与化学原理等，例如从蒸汽机到电动机与内燃机的跨越。机械的变革有助于工业及其应用产业的整体变革，进而促进人类生产工具与生产方式的更新换代，推动社会科技进步和经济发展。

### ➡➡机电信息主宰科技潮流，人类当代物质文明

历史上将19世纪和20世纪之交作为近代和当代的分界线，新的物理学革命恰好也发生在世纪之交。物理原理的变革与应用使得机械产生了时代性跨越，机械的创新也为新兴技术的发展提供了载体与装备保障。

从第二次世界大战结束至今，全球范围内兴起了第三次产业革命，即以计算机技术统领的信息化革命，其代表性技术有计算机技术、原子能技术、航天技术、新材料技术、生物技术以及海洋技术等。在这种背景下，人类发明了一大批历史上未曾有过的、全新的机械和复杂的机电系统，如电子计算机、航天器、机器人、集成电路（Integrated Circuit，IC）制造装备、微机电系统等。一方面，与前两次产业革命中的机械产品相比，第三次产业革命中的机械产品原理更加复杂多样，物理、信息、生物等方面的新原理不断融入，其应用环境也更加复杂，如太空、深海、人体等，机械产品的集成化程度越来越高。另一方面，随着个性化制造需求的不断增加，以信息驱动的智能柔性生产模式与制造装备快速发展。机械以及相关产业的进步，使得人们对机械产品的功能与性能要求日益苛刻，这给机械工业和机械科学带来了前所未有的机遇和挑战。

在第三次产业革命开始后的70余年中，机械工业和机械科学获得了全面的发展。作为各种新兴技术的载体和装备保障，机械一直是推动人类科技进步的中坚力量。

## ▶▶机械与机器,产业革命的产物

机器通常是指由各种部件组成,消耗能源并能够运转做有用功的装置。机器是产业革命的产物,也是产业革命的标志,如蒸汽机、内燃机、计算机等。机器的制造与运转应用了各种各样的原理,这些原理的变革使得机械产品更新换代,始终保持在科技发展的前沿。

### ➡➡第一次产业革命,机器与工业化

1765 年,英国织工哈格里夫斯发明了“珍妮纺纱机”,在工场手工业最为发达的棉纺织业引发发明机器与进行技术革新的连锁反应,揭开了第一次产业革命的序幕。1785 年,瓦特制成的改良型蒸汽机投入使用,提供了更加便利的动力,得到迅速推广,大大推动了机器的普及和发展,成为第一次产业革命的标志。

蒸汽机的发明与改进是一个充满创造性的过程。相比于人力、畜力、水力、风力等自然动力,蒸汽动力属于物理原理的变革,其利用高温水蒸气的压力做功。在瓦特制成改良型蒸汽机之前,蒸汽作为机器动力已经存在了近百年的时间,其中以纽可门蒸汽机(图 7)最为典型,但这些蒸汽机由于实用性等方面的限制,并没有被广泛应用。瓦特对钮可门蒸汽机进行了数次机械原理的革新,包括使用独立冷凝器以减少损耗、应用传动机构将输出往复运动变为旋转运动、发明离心调速器与节气阀使输出动力可控、采用飞轮使运动稳定

等，使得蒸汽机的大范围应用成为可能。从蒸汽机的发明与进化历程可以看出，机器的重大进步需要物理原理与机械原理的变革，而这些变革往往具有划时代的意义。

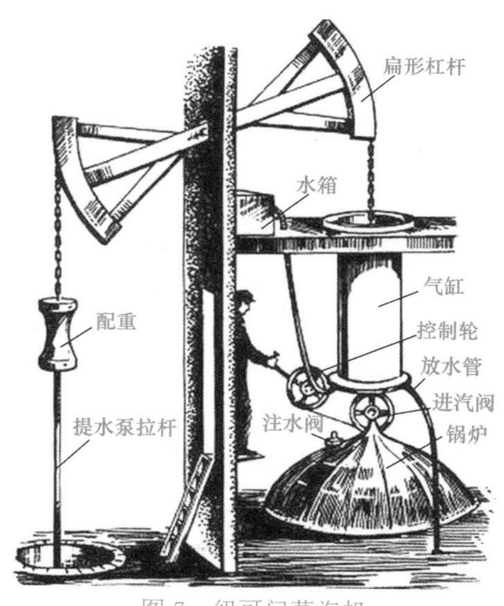


图 7　纽可门蒸汽机

有了蒸汽作为动力，极大地鼓舞了各行各业发明使用新机器的热情。1807 年，美国人富尔顿发明了蒸汽船，揭开了蒸汽轮船时代的序幕。1825 年，英国人史蒂文森设计的蒸汽机车在世界第一条铁路上前进，使人类交通进入铁路时代。在纺织业、采矿业、机械制造业、农业、军工等领域也出现了重大变革与产业换代，社会生产力取得了长足的进步，人类生活水平也获得了巨大的提高。

第一次产业革命发端于英国，而后波及法国、美国、德国等国家，英国成为人类历史上的第一个“世界工厂”。在第一次产业革命期间，蒸汽动力取代了人力、畜力、水力和风力，生产能力大和产品质量高的机器取代了手工工具和简陋机械，大型集中的工厂生产系统取代了分散的手工作坊与工场，人类社会开启了工业化进程。

## ➡➡第二次产业革命，机器与电气化

发电机与电动机的发明促使电力被广泛应用，成为第二次产业革命的首要标志。以法拉第发现电磁感应原理为基础，19 世纪 30－60 年代，在法国、英国、丹麦、德国都有人对发电机进行了研究和试制，其中西门子发明的自激式直流发电机影响最大，具备了产业化应用的条件。此后，各类使用电力的机器不断出现，例如电车、电钻、电焊等，为人类生活与社会生产带来了巨大的便利。19 世纪 80 年代，人们又投入了对交流电的研究。1882 年，英国电气工程师詹姆斯·戈登制造了世界上第一台两相大型交流发电机。随后，美国科学家特斯拉设计了两相交流电动机，并在 1891 年获得专利。德国电气公司的工程师多利沃·多布罗沃利斯基研制出三相交流电的发电机和电动机，并于 1891 年展示了三相交流电的远距离输电技术。与蒸汽动力相比，电力具有转化效率高、传输距离远、使用便捷等优点，尤其是较为经济、可靠的三相交流电得以推广，使得电力代替了蒸汽动力，成为主要的动力来源。

内燃机的发明和广泛使用也是第二次产业革命的主要标志。在蒸汽机的发展历程中，人们意识到蒸汽机的缺点都与燃料在气缸外部燃烧有关，即燃料在外部燃烧加热蒸汽，再使蒸汽进入气缸做功，这个过程不仅有较大的热量损失，也不利于机器的小型化。所以，工程师们开始研究把“外燃”改为“内燃”，即让燃料在气缸内燃烧，直接推动活塞做功。由“外燃”变为“内燃”，不仅是物理与机械原理的变化，还包含了燃烧等化学原理的变化，是动力机器的巨大变革。1859年，比利时出生的法国人雷诺在法国根据“内燃”的原理制成了第一台实用的煤气机。同年，美国钻出了第一口油井，石油工业快速发展，成为内燃机出现和发展的物质基础。1876年，德国工程师奥托制造出以煤气作为燃料的四冲程内燃机，在此基础上，戴姆勒发明了可以生成汽油雾为燃料的汽化器，本茨发明了油气混合器和电点火装置，汽油内燃机经过数次技术革新逐渐走向完整，四冲程内燃机的工作原理如图8所示。

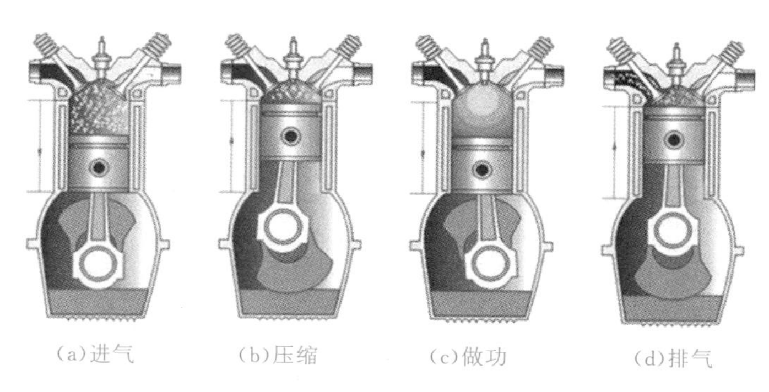

(a)进气　(b)压缩　(c)做功　(d)排气

图8　四冲程内燃机的工作原理

1892 年，德国工程师鲁道夫·狄塞尔设计了柴油机。柴油机的工作原理与汽油机有些不同，它采用将空气压缩的办法来提高空气温度，使其超过柴油的自燃点，这时再喷入柴油，油雾和空气混合的同时发生自燃。柴油发动机无须点火装置，供油系统也比汽油机简单，可靠性较高，但体积较大，一般作为大型车辆、轮船、矿机等的动力装置。

除了汽油机和柴油机，在第二次产业革命期间还出现了大功率的燃气轮机，其做功的机械原理更加直接，利用高温燃气推动涡轮叶片进而带动叶轮旋转做功，效率和功率都远高于依靠气缸做功的汽油机和柴油机。进入 20 世纪以来，内燃机的应用范围急剧扩大，移动式机械大部分都使用内燃机作为动力。内燃机的发明引发了交通运输领域新的变革，汽车和飞机应运而生并被普遍应用，产生了新的汽车工业与航空工业。

第二次产业革命期间，机械与工业开始同自然科学紧密地结合起来，自然科学的新原理不断地推动机械与工业的变革。第二次产业革命仍然以机械为主导，推进人类社会迈入电气时代。

### ➡➡第三次产业革命，机器与信息化

第三次产业革命从 20 世纪 40 年代开始一直持续至今，其涉及的领域、涵盖的地域、变革的深度以及对人类生活的影响都是前所未有的。第三次产业革命以信息化为主导，代表性技术有原子能技术、计算机技术、航空航天技术等，机械

是产业革命的载体与装备保障，其本身也经历了新原理与新技术的变革。

从19世纪末到20世纪30年代，科学家们发现了电子、放射性，建立了相对论、量子力学和原子物理学，这些新发现和新理论很快转化为应用技术，促使机械学科向新的领域发展。以核电领域为例，1942年，美国物理学家费米建成第一座核反应堆。1954年，苏联建成世界上第一座核电站，揭开了人类和平利用原子能的序幕。核电站中存在着大量的机械装备，例如核岛中的堆芯、控制器、蒸汽发生器、核主泵等，核电站的建设与运行也与机械息息相关。在核电站中，机械装备的高可靠性成为首要的技术需求。

电子计算机是第三次产业革命最辉煌的技术成果之一，作为信息机器，电子计算机由各类电子元器件组成，经历了电子管、晶体管、集成电路和大规模集成电路四代产品。图灵在1936年提出了现代计算机的数学模型“图灵机”，是现代计算机基本设计思想的创始人。1946年，由宾夕法尼亚大学的莫克莱领导设计的ENIAC计算机竣工，这是世界上第一台通用计算机。1952年，冯·诺伊曼领导设计的EDVAC（图9）竣工，奠定了现代计算机的设计基础。由于采用电子管作为逻辑元器件，早期的计算机体积大且能耗高。1956年，美国贝尔实验室用晶体管代替电子管，制成了世界上第一台全晶体管计算机。1958年，得克萨斯仪器公司与仙童半导体公司发明了集成电路，使计算机得以小型化。1971年，英特尔公司推出以大规模集成电路为基础的

微处理器。集成电路是把电子元器件集成到单一硅片上，即在硅片上制造出各种电子元器件与逻辑电路。集成电路制造依靠超高精度的机械装备，如硅片制造过程中的切割与研磨设备、光刻加工过程中的光刻机、芯片封装的自动生产线等。目前，超大规模的集成电路已达到百亿级别，即在单一硅片上有百亿个晶体管，其制造需要纳米级精度的机器。随着计算机技术的进步及其应用领域的扩展，其对于制造装备精度、效率等的要求还在不断提高，这对机械学科提出了巨大的挑战。

图 9　EDVAC

航空航天工业在近半个多世纪获得了迅速发展，为人类探索、开发、利用近空与太空提供了基础。在航空工业方面，美国和西欧早在 1950 年前后就开始了超声速飞机的研究。20 世纪 60 年代开始，美国、苏联、英国、法国都推出了大型喷气式客机。1969 年，英国、法国联合研制的协和式飞机首航，其速度超过声速一倍；2007 年，空中客车 A380（图 10）投入商业运行，最大载客量达850人。在航天工业方面，1957年苏联发射了第一颗人造地球卫星(图11)，标志着人类跨入航天时代。1961年，苏联将载有世界上第一名宇航员的“东方”1号宇宙飞船送入离地面180～327千米的空间轨道，开创了载人航天的新时代。1969年，“阿波罗”11号登月舱在月球“静海”区安全着陆，美国宇航员阿姆斯特朗和奥尔德林登上月球，人类探索太空的成就达到了新的高峰。航空航天工业代表着一个国家的经济和科技水平，是一个国家综合国力的重要标志，在国民经济和科技发展中具有先导作用。

图10　空中客车A380

图11　第一颗人造地球卫星

原子能技术、计算机技术、航空航天技术等新兴技术的发展对机械工业提出了更加多样且严苛的需求，同时也为机械产品注入了新的内涵。自第三次产业革命开始以来，机械的发明和改进远远地超越了过去的几百年，一大批历史上未曾有过的、全新的机械和复杂的机电系统陆续出现，如航天器、机器人、IC制造装备、高铁等。机械学科将持续为人类社会的工业化与信息化提供源源不断的创新动力与装备保障。

## ▶▶机械与信息，现代科技的载体

现代科技的概念广泛、涉及领域众多，几乎每个人都可以列举出身边的现代科技，如互联网技术、生物技术、新材料技术、新能源技术等。机械是现代科技的重要载体，许多现代科技都需要在机械上应用或依靠机械实现。从机械的发展历程可以看出，机械产品在不断地与科技进行融合迭代，历经了纯机械产品、机电一体化产品、智能化机器产品等阶段，机械学科也在这个过程中不断地发展与完善，具备了现代科技的特征。

### ➡➡机械学科的产生，机械设计与制造

机械作为有用的人造工具，其出现是一个从无到有的过程。早期的机械较为简单，匠师可以凭借经验和智慧进行创造。随着科学技术的进步，人们对机械的功能与性能需求越来越高，仅凭匠师的经验和智慧已经无法满足机械设计和机械制造的需求，机械设计与制造学科由此产生，为现代科技发展提供了有力的支撑。

机械设计是基于功能与性能要求，设计出满足要求的机械产品。机械设计的过程会随着科学技术的进步产生迭代，进而实现更多的功能或更高的性能。以汽车为例，其基本的行驶功能包括驱动、转向与变速，为此需要设计相应的驱动机构、转向机构以及变速机构。早期的汽车结构（图 12）只具备基本的行驶功能和驾乘功能，这些功能都通过纯机械的

手段予以实现。随着电子与控制技术的发展，电控系统被应用于汽车中，汽车行驶的稳定性、驾乘的舒适性与安全性等得到提升；新能源技术的进步促使电动汽车、氢能汽车开始出现，汽车的设计也出现了巨大的变化；互联网与人工智能技术为汽车注入了新的活力，无人驾驶等功能开始出现在汽车设计中；现代的汽车结构（图 13）已成为多种科技的集成体。与汽车类似，其他领域机械产品的发展也与现代科技的进步紧密相连。由机械产品的发展历程可以看出，机械是现代科技的重要载体，而机械设计过程则是现代科技与机械产品融合的集中体现。

图 12　早期的汽车结构

图 13　现代的汽车结构

机械制造是利用机械或机械系统制造出各种满足功能与性能要求的产品。近代的机械制造业发端于 16 世纪的钟表制造业，在蒸汽机被发明之后，随着机器动力的提升与各种新机器的发明，近代机械制造业在英国正式诞生。机械制造是科学技术转化为实用产品的具体实现形式，除了直接可获得的自然资源，任何产品的生产都需要通过机械制造加以实现。机械制造技术的发展也与科学技术的进步紧密相关，

早期的机械制造以实现产品的功能为主，缺少保障性能的手段，其生产模式主要是单机生产（图 14）；随着自动化技术的发展，具有自动流转功能的汽车生产线（图 15）出现了，制造效率与产品性能均得到提升。汽车、手机、计算机等产品能够以人们可以接受的价格进入千家万户，正是自动化生产线的功劳；信息技术与人工智能技术的发展促使信息驱动的柔性制造系统与智能制造系统得以出现，定制化生产与智能制造成为可能。

图 14　单机生产

图 15　汽车生产线

机械设计与制造学科自产生以来，经历了一个多世纪的发展，机械设计由直觉设计、经验设计发展到半经验设计和半自动化设计，机械制造也经历了由师徒传承到理论化的过程。在过去的一个多世纪里，很多机械设计、分析、制造等方面的问题在理论和应用上得到了解决，为科学技术的进步做出了重要贡献。伴随着现代科技的发展，新的机器、新的应用环境以及新的需求将不断产生，新的机械设计与制造的问题还有待发现和解决。

## ➡➡机械学科的分支与发展，机电一体化

传统机器都包含原动机、传动装置和执行装置三个部分。后来，许多机器又增加了控制装置，成为自动化机器。早在 19 世纪末就出现了自动化机床，但其自动化依靠机械装置实现。20 世纪 20—50 年代是机械的半自动化时期，主要依靠继电控制器和液压系统实现机器动作的控制。随着 20 世纪下半叶以来控制理论、电子技术和传感技术等的发展，特别是电子计算机在工业上的应用，以模拟控制、数字控制等为内容的现代机器和自动化技术迅速发展起来，一些复杂的机电系统和机电一体化产品开始出现。

机电一体化是机械与现代科技相结合的产物，属于机械的发展分支。在 20 世纪 60 年代以前，随着电子技术的迅速发展，人们开始自觉或不自觉地利用电子技术的成果来完善机械产品的性能。特别是在“二战”期间和战后，机械和电子技术的结合使得许多性能优良的军用机电产品得以发明，这些产品和技术在战后转为民用，机电一体化学科进入萌芽阶段。在影视剧中经常看到的通信电台、工业生产中用到的机器人等都是这一时期的产物。工业机器人是最典型的机电一体化产品，其本体由机械部件组成，控制系统由伺服电动机和伺服控制器组成，通过“机”和“电”的结合代替人工完成复杂的操作。目前，工业机器人已经广泛应用于各种场合，尤其是在劳动强度大、重复度高、环境恶劣的危险场合，如挖掘机器人、隧道凿岩机器人（图 16）、喷浆机器人和码垛机器人等。

图 16　隧道凿岩机器人

随着以大规模集成电路为基础的微处理器的问世，计算机发展进入了第四代，机械与计算机技术的结合促使机电一体化技术蓬勃发展。日本政府在 1971 年颁布了《特定电子工业和特定机械工业振兴临时措施法》，要求企业界“应特别注意促进为机械配备电子计算机和其他电子设备，从而实现控制的自动化”。短短几年，日本经济突飞猛进，推出了各种类型的新型机电一体化产品并迅速占领市场。随着相关产业和技术的发展，机电一体化产品已遍及国民经济、日常工作和生活的各个领域，例如数控机床等制造装备、安全气囊等汽车电子设备、洗衣机等家用电器、复印机等办公设备。几乎所有的传统机器都可以重新设计，加入计算机控制系统而成为现代机器。用机电一体化的设计方法设计出的机器比全部采用机械装置的方法设计的机器结构更简单，例如，在一台缝纫机中，用一块单片集成电路控制针脚花样，可以代替老式缝纫机约 350 个零件。

20 世纪末，人工智能和网络技术取得了巨大的进步，其与机械电子结合促使机电一体化技术进入智能化阶段。现代机器不仅具有主动控制的功能，而且还将日益提高智能化水平，能够采集、存储、管理和应用信息。机电一体化学科的发展超出了近代的机械设计学科与机械制造学科的范畴，是机械、控制、电子等多个学科与现代科技的融合。

### ➡➡机械学科的新兴领域，机电信息化

信息化是第三次产业革命的主要标志，也是现代社会与科技发展的主流趋势。在信息化时代，信息与信息类产业成为关键资源。机械学科在信息化过程中扮演着诸多重要角色，其与信息数据进行深度交融，呈现出信息化特征。

机械学科信息化的首要表现是机电信息化产品，即具有信息内涵的机电产品。在信息化的过程中，信息以系统的方式被广泛应用，替代劳动成为“附加值”的源泉。随着信息化程度的提高，信息将成为社会的主要财富，信息流成为社会发展的主要动力。一方面，在信息的产生、流通、积累以及消亡的过程中，各类信息机器是信息的主要载体，例如电子计算机、数据存储器等。另一方面，在机电产品的设计、制造以及使用过程中也产生了大量的信息数据，这些数据与机电产品及信息系统融合构成一个新的整体，产生出新的价值，例如带有信息系统的汽车，可以记录各种行驶与操作数据，进而通过大数据技术实现汽车的健康监测、故障预警、自动驾驶等功能，大大提高汽车的附加值。

机械学科是信息化发展的装备保障，其典型如 IC 制造

业。在20世纪70年代，集成电路的主流产品是微处理器、存储器及标准通用逻辑电路，这一时期IC制造商在IC市场中充当主要角色，IC设计与半导体制造加工工艺密切相关。20世纪80年代，集成电路的主流产品为微处理器、微控制器及专用IC，无生产线的IC设计公司与标准工艺加工线相结合的方式开始成为集成电路产业发展的新模式。随着微处理器和PC的广泛应用和普及，芯片的集成度越来越高，IC细微加工技术发展迅速。20世纪90年代互联网开始兴起，IC产业跨入以竞争为导向的高级阶段，IC产业结构向高度专业化转化成为一种趋势。IC制造业需要大量的精密机电装备作为保障，如硅片加工装备、电路蚀刻装备、芯片封装装备等，IC产业的高度专业化促使机电装备不断地突破机械制造的极限。近年来，我国IC制造业迅猛发展，但光刻机等核心制造装备仍然受制于人，这为我国机械学科的发展带来了巨大的机遇与挑战。

机械学科与信息的深度融合使得机械行业也呈现出信息化趋势，其将信息技术、自动化技术、现代管理技术与传统制造技术相结合，带动产品设计方法和工具、企业管理、企业间协同的创新，实现产品设计、制造过程和管理的信息化，制造装备的数控化，咨询服务的网络化和社会化，全面提升了机械行业的整体竞争力。近20年来，中国成为世界的制造中心，这为我国机械行业的信息化提供了坚实的工业基础。

机电信息化包括机电产品信息化、制造模式信息化及机电行业信息化，是一个全面信息化的过程。在信息化的过程中，机电产品既是信息化技术的应用对象，也是信息化技术的主要载体，还是信息化技术的装备保障。随着机械学科与信息技术的不断发展与融合，越来越多的机电信息化产品将不断出现，信息化制造模式也将不断完善。

## ▶▶机械与智能，时代发展的标志

智能是智慧与能力的合称，从感觉到记忆再到思维的过程称为“智慧”，智慧的结果就产生了行为，行为表达的过程称为“能力”。随着科学技术的进步，现代机械逐步向智能化方向发展，智能机器、智能工厂、智能机器人等概念不断涌现。未来机械工程科学将集成更多的信息与知识，在智能化变革中发挥标志性作用，具有广阔的发展前景。

### ➡➡智能机器，引领市场的产品开发

智能机器是指能够在各类环境中自主地或交互地执行各种任务的机器，其主要特征是具有自主思维与自我控制能力。智能机器至少要具备三个要素：感觉要素、运动要素和思考要素。感觉要素依靠各种机器内部信息传感器和外部信息传感器，运动要素对应机械本体与控制系统，思考要素则体现在计算机软、硬件上。智能机器是多种现代科技的集成体，它融合了机械、电子、传感器、计算机硬件、计算机软件、人工智能等许多学科的知识。

智能机器的“智能”主要体现在使用功能方面，即通过机器智能来降低使用要求或适应用户习惯。随着科学技术的

发展，机器具有的功能越来越复杂，必然对操作者的专业技能提出更高的要求；而作为机器的使用者，人们总是希望机器的操作越简单越好，即偏好“傻瓜式”操作。智能机器的出现很好地解决了上述矛盾，成为引领市场的产品。例如智能手机，基本包括了通信、办公、生活、娱乐等的主要功能，而且相对于早期的手机，智能手机的使用与操作并不复杂，在某些方面甚至可以用简单的操作获得专业的效果。智能手机在一定程度上已经代替了很多专业的机电产品，如照相机、电视等，其主要原因正是使用的便利性。

自 20 世纪 80 年代以来，智能机器的研究越来越受到重视。第一代智能机器主要以逻辑计算功能为主，缺少对外界的自主感知能力。随后，带有视觉、力觉的第二代智能机器开始出现。目前，智能机器已经具备了对现实世界的卓越感知能力，无人驾驶汽车（图 17）、智能家电等已经进入日常生活。2017 年，第三代合作伙伴计划（3GPP）组织奠定了窄带物联网（NB-IoT）协议的标准，预示着人类即将进入“万物感知”的世界，智能机器将首次拥有一个世界神经网络系统。

图 17　无人驾驶汽车

智能技术为机器带来了前所未有的自动化能力，使得机器能从简单地感知世界，逐渐建立起围绕现实世界因果链条的认知、推理、学习和决策能力。未来机器的智能化程度将越来越高，直至由人工智能演化至机器智能，并实现机器智能的自主进化。机器智能通过单点的实体科技机器和更加微妙的社会化机器两种形式，深刻地影响并提升了人类社会商业链条的效率，完成对人类技能的逐步替代。

### ➡➡智能制造，生产模式的时代变革

智能制造是一种由智能机器和人类专家共同组成的人机一体化智能系统，它在制造过程中能够进行分析、推理、判断、构思和决策等智能活动。智能制造是现代科技发展促成的生产模式，具有柔性化、智能化和高度集成化等特点，通过人与智能机器的合作与交互，可以部分地或全部地取代人类专家在制造过程中的脑力劳动。

智能制造的核心是产品与机器数据的产生、采集、处理和应用，即贯穿于产品全生命周期的大数据，而智能正体现为对这些数据的深入挖掘与解析。随着现代科技的发展，产品功能的多样化、性能的精益化、结构的复杂化等促使制造产品所包含的设计信息和工艺信息量猛增，生产线和生产设备内部的信息流量随之增加，制造过程和管理工作的信息量也必然剧增，提高制造系统对于爆炸性增长的制造信息处理的能力、效率及规模成为制造技术发展的重要方向。一方面，先进的制造设备离开了信息的输入就无法运转，柔性制

造系统一旦被切断信息来源就会立刻停止工作。制造系统由原先的能量驱动型转变为信息驱动型，这就要求制造系统不但要具备柔性，还要表现出智能，否则难以处理大量而复杂的信息。另一方面，瞬息万变的市场需求和激烈竞争的复杂环境，也要求制造系统表现出更高的灵活性、敏捷性和智能化。因此，智能制造是未来制造业的发展趋势，其受到的重视程度也越来越高，各国政府均将智能制造列入国家发展计划或规划，持续大力推动其实施。

智能制造是制造技术与信息技术等发展的必然，是自动化技术、大数据技术、集成技术等向纵深发展的结果。智能制造与智能装备能够实现各种制造过程的自动化、智能化、精益化、绿色化，进而带动制造业整体技术水平与创新能力的提升。

### ➡➡智能机器人，着眼未来的无限畅想

智能机器人是一类以拟人智能行为方式进行反应并具有环境适应性的自主机器人，它具有感知智能、认知智能及行动智能，即具有对人类（或其他生物）的感知或直觉行为、认知和思考行为以及移动与操作行为的自主模仿能力。

第一代智能机器人以传统工业机器人和无人机为代表，其关注的是操作、运动、飞行等功能的实现，使用了一些简单的感知设备。第二代智能机器人具备了部分环境感知、自主决策、自主规划和自主导航等能力，其环境适应性与自主性较强，典型的产品有双臂协作机器人、达芬奇外科手术机器人

(图 18)、波士顿动力的大狗系列仿生机器人(图 19)、本田公司的 ASIMO 人形机器人(图 20)等。第三代智能机器人具有更强的环境感知能力,并具有认知与情感交互功能,可以进行自学习、自繁殖乃至自进化,例如日本软银集团发布的智能人形机器人 Pepper,具备语音交互、人脸追踪识别以及初步的情感交互能力;谷歌开发的围棋机器人 AlphaGo 战胜世界围棋冠军,具有深度学习能力,可以在无任何数据输入的情况下自学围棋。

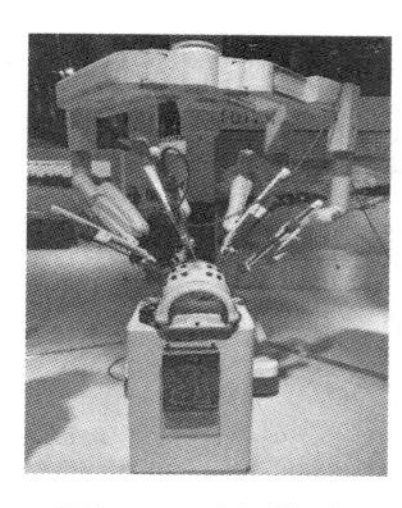
图 18　达芬奇外科手术机器人

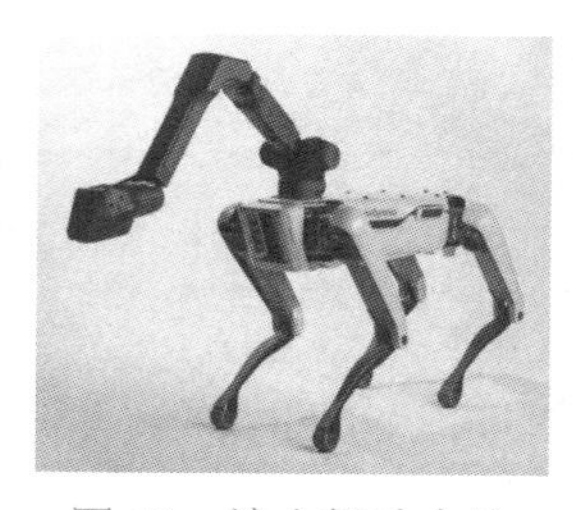
图 19　波士顿动力的大狗系列仿生机器人

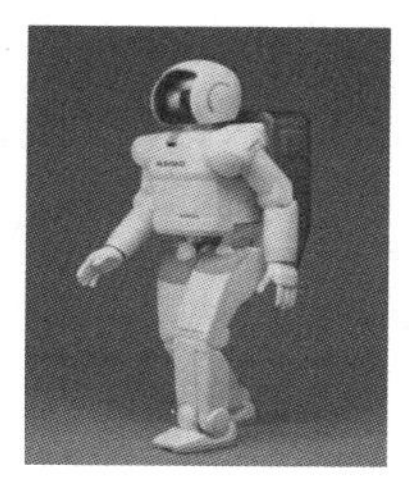
图 20　ASIMO 人形机器人

智能机器人是智能与机器的融合,它以人工智能技术、大数据技术、云平台技术、超级计算技术等为基础,以机器为实现载体。随着人类社会与科技水平的发展,各种新型的智能机器人被开发出来,并应用于社会生产与生活的各个领域。智能机器人正在逐步获得更多的感知、认知、决策及自主能力,变得更加灵活、灵巧与通用。未来的智能机器人将不再局限于拟人,它在很多方面将超出人类的能力,为机械学科提出源源不断的具有挑战性的课题。

# 机械，人类智慧与创造的结晶

横看成岭侧成峰，远近高低各不同。

——《题西林壁》

在人类历史上，发明与创造新机器给人类生活带来了巨大的变化和影响，其载入史册的伟大发明层出不穷；对机器进行技术改进与革新的能工巧匠，屡见不鲜。随着科技发展，发明的新机器的科技含量越来越高，专利数量越来越多。然而，人们是如何实现发明创造的？依据什么道理进行设计制造与技术创新？机械学科经过千百年来的知识积累与进化，各行各业中机械与机器的发明、发现、创新、创造都充满着人类智慧的结晶，形成了机械学科的理论与方法体系，成为机械类人才成长的阶梯，推动了机械学科的发展。

## ▶▶机械与发明创造，无中生有的构思想象

机械专业的覆盖范围之广，无所不在，上至天空宇宙，下至百姓身边的日用品，既可以是复杂的高技术产品，如月球

机器人，也可以是简单的生活用品，如工具或玩具等。机械创新与发明的范围宽、领域广，所有人都可以做到。机械领域的创新可以是组织队伍完成的宏大工程，如飞机、火箭和人造卫星等，也可以是个人完成的小物品，如鼠标、拉链和车轮等，简单实用的发明同样对人类有巨大贡献，这正是机械的魅力所在。机械如何实现创新与发明？有什么规律可循？本部分将简述机器的创意与新概念及机器功能原理创新。

### ➡➡机械的创意与新概念

机械创新是先有创意后有实践，一般而言，创意动机来自三个方面：一是异想天开，脑洞大开想象出的匪夷所思的新概念，往往最具创造力。机械领域人才辈出，什么样的机械都有人造出来，大的有百米级，如贵州大窝凼“天眼”的直径有 500 米，小的为微米级，如微型机器人。二是受某些事物的启发或顿悟而有创新灵感，这在机械工程发展史上屡见不鲜。三是对原有事物不满足而产生改变的创新想法。在创意之后，把想法具体化，进行描述、论证和实现，机械制造企业的产品就是这样一代又一代地更新，不断完善的。

机械创新灵感来自思考、启发与顿悟，机械专业的知识体系有助于产生创造性思维。机械专业覆盖面宽，行业领域多，问题和技术也多，触及思考、启发和顿悟的思维点广。随着科学技术的发展，各行各业先进技术不断涌现，在一个行业或领域的成熟技术可以移植到另一行业或领域成为新技术，而在某个行业的困难问题在另外的领域却有可行的解决

技术。下面列举机械产品的几个案例，从中可以窥见一斑。

从计时器开始，经历多代人的不断改进与提高，有无数发明和创新，才形成今天的机械式钟表。擒纵器于1300年发明，发条驱动的时钟约在15世纪出现。电子计时原理出现是钟表物理原理的革命，可以不用机械机芯的时钟，其核心是一个以固定精准频率振荡的物体，谐振子可能是单摆、音叉、石英晶体，或是原子在发射微波时电子的振荡。

1816年，苏格兰工程师斯特林提出了两个定温膨胀过程和两个定容吸热过程的热力循环，最初用于热力发动机，利用介质在不同温度下被压缩和膨胀输出功率，它和蒸汽机一样是古老的发动机，但未能大量应用于市场。1860年，A. Kirk利用逆斯特林循环成功地制冷，不成功的斯特林发动机却成为成功的制冷机。

1836年，英国"阿基米德"号使用螺旋推进器进行试验，螺旋推进器是一个像螺丝钉的螺杆。试验时，它以4海里每小时的航速航行。突然，水中的障碍物碰断了螺杆，只剩了一小截。正当造船工程师史密斯不知所措时，船却意外地加快了速度，达到13海里每小时。这种现象启发了造船工程师们，他们把螺杆的长度从长变短，又变成叶片状，螺旋桨就这样诞生了。

### ➡➡机器功能原理的创新

机器的创造发明，对产业、行业乃至人类生活都会产生重大影响。最高层次的创新是机器功能原理创新，其次是机器技术创新。人类应用不同的物理学、化学和生物学原理或者这些科学原理复合而发明创造新机器的过程，称为机器功能原理创新。新原理的发明将导致机器实现功能的原理性变革，产业革命就来自机械装备中的重大原理创新。新的物理学、化学、生物学理论的发展，为机械与机器提供了新的原理，下面列举几个机械领域的功能原理创新。

### ✣✣蒸汽机的功能原理

如图 21 所示蒸汽机的功能原理包括四个部分：一是燃烧燃料放热，属于化学原理；二是火焰加热容器，由容器传导热量使容器内的水温度提高，属于物理原理；三是容器内的水温度提高并汽化为蒸汽，属于物理原理；四是容器内介质体积膨胀产生压力并流动输出动力做功，如何收集和利用加热容器释放出来的动力做功，这是机械原理，将在后文论述。

图 21　蒸汽机的功能原理

### ❖❖加工机床的功能原理

物理学、化学和生物学理论的发展，为机械装备原理创新增添了理论支撑。应用物理学、化学原理能够产生对应的机器原理，如利用物理原理将电能转化为机械能、光能、化学能、电化学能和波动能，再与工件结合转换成力或热能，切除、熔化去除或增加材料形成零件的加工机床，如金属切削机床、水射流加工机床、激光加工机床、电火花加工机床、等离子加工机床、超声波加工机床以及3D打印、光刻机（机床）等，如图22所示为加工机床的功能原理。

### ❖❖化工机械的功能原理

化工机械服务于所有的流程性工业，通过一系列的过程装备实现生产过程的动量传递（流体输送、过滤、沉降和固体流态化等）、热量传递（加热、冷却、蒸发和冷凝等）、质量传递（蒸馏、吸收、萃取和干燥等）以及化学反应过程。例如透平机通过高速旋转的叶轮实现流体输送，利用物理原理实现动量传递；换热器通过冷、热流体间的作用进行热量交换，利用物理原理实现热量传递；氨合成塔提供高压、高温环境使氮气和氢气发生催化反应。化工机械的功能原理如图23所示。

(a)电火花加工

(b)激光加工

(c)等离子加工

(d)超声波加工

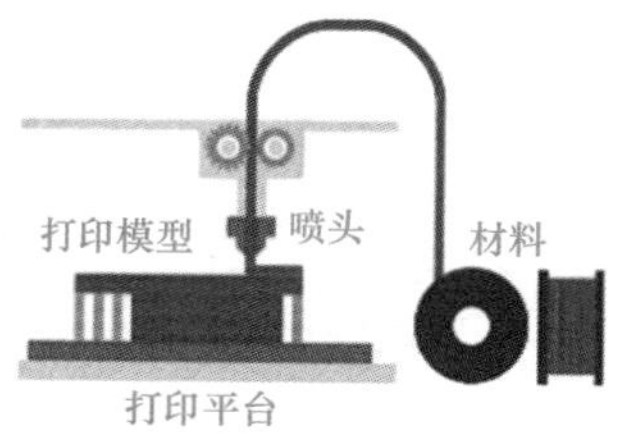


(e)3D 打印

图 22　加工机床的功能原理

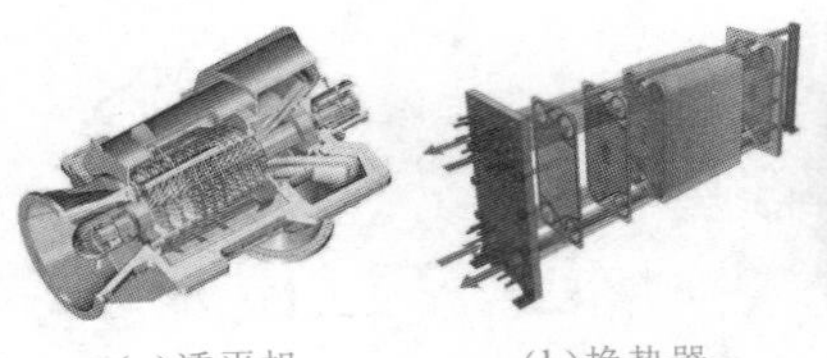

(a)透平机　(b)换热器　(c)氨合成塔

图 23　化工机械的功能原理

### 材料成型的功能原理

砂型铸造是最传统、使用时间最长的金属材料成型方式。钢、铁和大多数有色合金铸件都可用砂型铸造方法获得。砂型铸造的铸型制造简便，成本较低，可进行单件及批量生产，长期以来在铸造生产中占主导地位。但随着科学技术的发展和新材料的研发，从传统铸造中也衍生出了很多新的材料成型方法，即特种铸造，如熔模精密铸造、消失模铸造、金属型铸造、压力铸造、低压铸造、真空吸铸、挤压铸造、离心铸造、连续铸造和电渣熔铸等。从传统铸造向特种铸造的转变如图 24 所示。

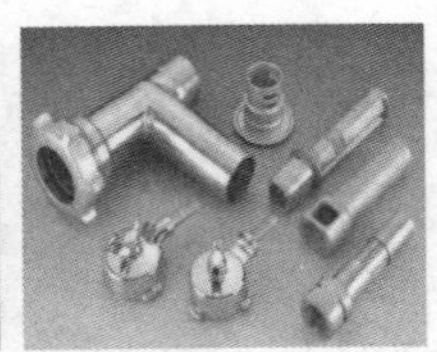

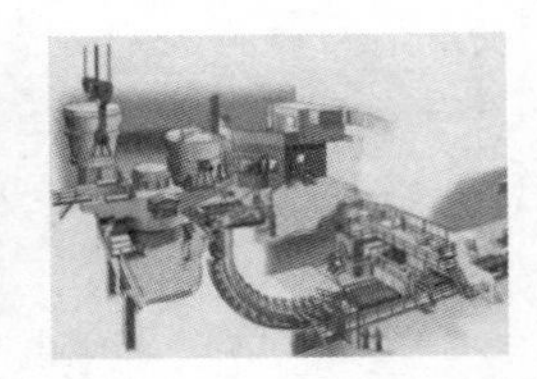

(a)传统砂型铸造　(b)精密铸造的复杂铸件　(c)自动化程度很高的连续铸造

图 24　从传统铸造向特种铸造的转变

## 机械与科学，理化生的美妙应用

人类发明创造的机械与机器，遍及各行各业和人们的日常生活中，类型众多，千差万别，五花八门，难以一一列举，稍微复杂点的机器就具有多项功能，其工作原理覆盖多个领域，为多学科的综合原理。为节省篇幅，在此仅以机器工作对象（或介质）的主要功能原理为着眼点，而不涉及和工艺动作的机械原理与操作控制等辅助功能原理，分别以物理学原理、化学原理、生物学原理和多学科原理简单论述，以管窥机器工作的科学原理之美妙。

## ➡➡机器功能与物理学原理

世界上各类机械中，最常见的功能原理当属物理学原理，而物理学又有分支，包括力学（固体力学、流体力学）、电学、磁学、振动和波（声学）、光学和热学等，内容丰富，难以全面叙述，在此仅以功与能、物质形态、物质性态几个方面介绍。

### ✣✣功能转化与物理学原理

机器运行源自动力，而动力的产生方式是人类物质文明进步的标志。工业革命以来，机器动力变得丰富多彩，包括势能、电能、热能、核能、光能、化学能和生物能等，在一台机器里就可能同时存在多种动力源并相互转换（如内燃机-发电机-电动机-蓄电池系统），机器将动力转换为各种形式的能量和克服工作载荷做功，实现机器的主要功能。

自以电磁学理论为基础的发电机、电动机发明以来，机械回转运动做功与电能的互逆转化为各类机器提供动力和功能原理，此类机器数不胜数。

由势能通过能量捕获器（如叶片等机械原理）转换为机械做功推动发电机运转发电，常见的由势能到电能的机器如水力发电站、波浪发电机组、潮汐发电机组和风力发电机组等。

反过来，由电能输入电动机转换为机械回转运动做功以克服工作负载（或摩擦）阻力，是机械与机器的常规驱动方式。直接将电动机输出做功的简单典型机器有船舶螺旋推进器、螺旋桨直升机、水泵和离心空气压缩机等，还有家用电器，如洗衣机、电风扇粉碎机等。

势能还可以通过机械装置转化为输出机械运动做功，本质上属于物理学原理，如建筑机械中的打夯机，它将重力势能转化为冲击力。机械手表的弹簧发条与游丝摆将弹性势能转化为克服摩擦阻力做功，而手表的摆锤自动上弦就是利用功能转换储存为弹性势能的。

在某些场合下，输入电能到电动机变换为输出机械功克服工作阻力，又将输出机械功的剩余机械功输入发电机使机械运动做功输出电能（再并网输入或储存到蓄电池中），形成电功率（或机械功率）封闭循环利用，以往在高等学校实验室里采用，而今混合动力汽车均有类似的功能原理，目的是回收汽车行驶过程中的多余能量与机械功。

### ✣✣固体介质与力学原理

在各个行业的机械中都有一类机器，它可以利用固体力学原理——施加作用力使工作对象物质（固体介质的物理性质和状态不变）产生不同的运动（或位置变化）、弹性形变、塑性形变和断裂等，从而改变物质形状、位置和组合体积，如冲击、碾压、剪切、打孔、粉碎、分选、收集、聚合、堆积和组合成型等。该类机械的物理学原理基本相同，功能及其工艺动作不同，对应机械原理与结构形状及功能也不同，应用行业场合与环节差异很大，机器形状也不同，名称各异，一般按行业命名，典型的机械如下：

农、林、牧业中的各类机械，如土壤耕作机械、种植机械、植物保护机械和作物收获机械等；林业播种机、收割机、割灌机、挖坑机、插条机和植树机等；牧业中的牧草收获机械和饲料加工机械等。各类机械的工作对象有土壤、草、树木、谷物和果实等，对工作对象施加力的大小与运动、切割与搬运方式、分拣和收集对象不同，结果和效果各不相同。机器呈现五花八门的形状，丰富多彩，因此才能为人们提供日常生活中的各类木材、粮食、干果和水果等。

轻工业中的各类机械，如粮食机械（原粮脱壳、去皮，碾成粒状成品粮和原粮去掉皮层和胚芽，研磨成粉等的机械）、木工机械、纺织机械、服装机械、皮革机械、包装机械和陶瓷机械等，此类机械的工作对象为粮食、木材、各类纤维、布料、皮革和陶土等，有柔性、弹性和颗粒散体等不同形态的物质，工艺动作千变万化。有了这些轻工机械，食品原料、服装、家具用品才会如此丰富多彩。

矿山、冶金与建筑行业的各类机械，如钻孔机械、掘进机械、产运机械、采矿机械、采掘机械、钻采机械、破碎机械、压

实机械、桩工机械、路面机械、混凝土机械、隧道盾构机和各类冷轧机等。这些机械工作的物理原理基本类似，但工作载荷较大，体积一般都比较大，有了这些机械，才有比较齐全的基础设施和矿产资源。

机械制造中的各类机械，如车床、铣床、磨床、钻床、镗床、插床、拉床、锯床、加工中心和车铣复合机床等，其物理原理是在常温下施加切削力将毛坯上多余的金属去除；还有锻压机床，它可以将板材直接压成特定形状，如汽车零部件与覆盖件（外形）等。有了这些机床，可以加工各种各样的零件，也可以将这些机床组成生产线，实现流水线生产，从而制造出批量化的零件，既可以保证零件的一致性，又可以大幅度降低成本，为各类机器提供支撑。

**❖❖流体介质与流体力学原理**

在机械行业中有另一类机器，它们利用流体力学原理对流体施加作用力，使流体产生不同的运动或反作用力等，从而使流体运动或机器受到反作用力而产生运动。该类机械的物理学原理基本类似（燃烧热流体除外），其功能及流体性质不同，对应的机械原理与结构形状及性能不同，主要有航空航天机械、交通运输机械以及流体机械，举例如下：

航空航天机械：航空飞行器（航空器、火箭和导弹）在大气层内飞行时，其形体与空气大气层接触部分有升力和阻力，其物理学原理为空气流体力学理论。无论是飞艇、飞机、滑翔机、旋翼机、直升机、扑翼机、倾转旋翼机，还是火箭和导弹等，其物理学原理都相同，而航空发动机推进系统则应用综合多学科原理工作。

交通运输机械：火车和汽车在陆地行驶时的空气阻力与行驶速度有关，阻力越大，耗油量越大。车外形的设计是基于流体力学原理，因此人们见到高铁车头外形呈流线型，跑车的外形也是流线型。船舶在水中航行，船体外形（吃水部分）不仅有水的浮力支撑，也有水的阻力；而推进器（螺旋桨）则搅动水的运动产生有效推力。因此，船体外形和螺旋桨的形状是基于流体力学原理设计的。无论是万吨远洋货轮，还是吨位较小的渔船或帆船，概无例外。

流体机械：在各类机械中，经常涉及输送流体（液体或气体）介质或利用流体工作，如风力发电机组和水力发电机组，其叶片就是捕获流体中的能量，这些叶片形状的设计是基于流体力学原理的；而在机械设备中输送流体，经常采用离心压缩机和离心泵，其涡轮叶片也是基于流体力学原理设计的。家用电器中的电风扇、排气扇，其叶片也是如此。

### ✣✣物质性态与物理学原理

有些机械在工作过程中，施加某些条件可使得工作对象物质的物理性质与状态发生变化，如固态相组织变化、液化与汽化等，进行操作加工，可获得预期的工作效果。此类机械的物理原理与工作对象物质的物理性质相关，不同工作对象物质有不同的物理学原理与参数，甚至同一工作对象物质可采用不同的物理学原理，这为各行业领域的机器提供了更多的功能原理选择，典型的机械与机器列举如下：

在机械制造行业中，将固体钢铁熔化成液体，浇注在事先定制形状的空腔内，冷却后成型，称为铸造；也有将板坯、方坯、管坯、异型坯在高温下热轧（压延）为板材、管材、型材和线材，称为轧制；还可以将两块金属局部熔化后冷却黏结在一起，称为焊接；也有将金属毛坯加热至高温加压成型的，称为锻造。

在机械制造的冷加工中，有些难加工材料或形状特别复杂的零件，如航空航天用钛合金与碳纤维、耐高温陶瓷等。对此，有采用激光产生局部瞬间高温熔化工件部位进行加工，即光热物理原理；有局部发电产生高温熔化工件部位进行加工，即电-热物理原理；有采用等离子体束产生局部高温熔化工件部位进行加工，即等离子体物理原理；有采用超声波加磨料对工件局部进行撞击和抛磨加工，即超声物理原理；有采用水射流切割工件，即高速动能-功转化的物理原理；等等。

在工程中还有许多其他材料的零件，常常采用不同状态之间的变换进行成型制造，如塑料零件采用将完全熔融的塑料材料，用高压射入模腔，经冷却固化后，得到成型塑料品；在陶瓷机械中，制粉机也都是将陶瓷浆料进行雾化和干燥后形成大小均匀的颗粒状粉体。

### ➡➡机器功能与化学原理

在机械工程领域，机器的功能原理大多属于化学原理。对于机器而言，化学原理即化学反应类型，为了保证化学反应完成的速度（效率）和完整性（全部），通常需要一定的化学反应条件，有时一台机器可以同时应用几种化学反应原理，内容十分丰富，从以下几个方面做简要介绍。

### 化学反应类型

化学反应过程是指遵循化学反应规律的过程，它涉及化学反应及相关设备。化学反应过程按照基本反应类型可以分为：

化合反应：由两种或两种以上的物质反应生成一种新物质（$A+B+\cdots\cdots=C$）。

分解反应：由一种物质生成两种或两种以上其他的物质（$A=B+C+\cdots\cdots$）。

置换反应：一种单质和一种化合物生成另外一种单质和一种化合物（$A+BC=AC+B$）。

复分解反应：两种化合物互相交换成分生成另外两种化合物（$AB+CD=AC+BD$）。

还有一些反应不是简单的类似于上述提及的反应类型，但在反应过程中有化合价改变（电子转移），则称作氧化还原反应。

### 化学反应器

化学反应器是一种实现反应过程的设备，是过程工业（石油、化工、冶金和生物等相关工业）的核心设备。化学反

应器的应用始于古代，制造陶器的窑炉就是一种原始的化学反应器。近代工业中的化学反应器形式多样，例如冶金工业中的高炉和转炉，生物工程中的发酵罐以及各种燃烧器等。

化学反应器中进行的过程不但包括化学反应，还伴随有各种物理过程，如物料的流动、热量的传递和物质的混合等，这些物理过程显著地影响化学反应的最终结果，这也是工业规模下的反应过程所得转化率往往低于实验室结果的原因。

### ✣✣电化学反应

电化学反应是指在电极和电解液界面上进行电能和化学能之间转化的反应，包括化学能转化为电能的过程（自发进行，如干电池和燃料电池等）与电能转化为化学能的过程（强制过程，如电解和电镀等）。燃料电池是高技术电化学反应装置的代表，燃料电池是以特殊催化剂使可燃性的燃料与氧发生反应产生二氧化碳和水，由此产生电力。燃料电池由阳极材料、阴极材料和离子导电的电解质构成，其工作原理与普通化学电池类似。燃料在阳极发生氧化反应，并释放电子，氧化剂在阴极发生还原反应，电子从阳极通过负载流向阴极构成电回路，产生电流。

## ➡➡机器功能与生物学原理

由生物工程所引出的生产过程可以统称为生物反应过程，以生化反应器为核心的生物工程如图 25 所示，在生物反应过程中，若采用活细胞（包括微生物、动植物细胞）为生物催化剂，则称为发酵过程或细胞培养过程；采用游离或固定化酶，则称为酶反应过程。典型的生物反应工程包括四个部分：原材料的预处理、生物催化剂的制备、生化反应器及反应条件的选择与监控、产物的分离纯化。

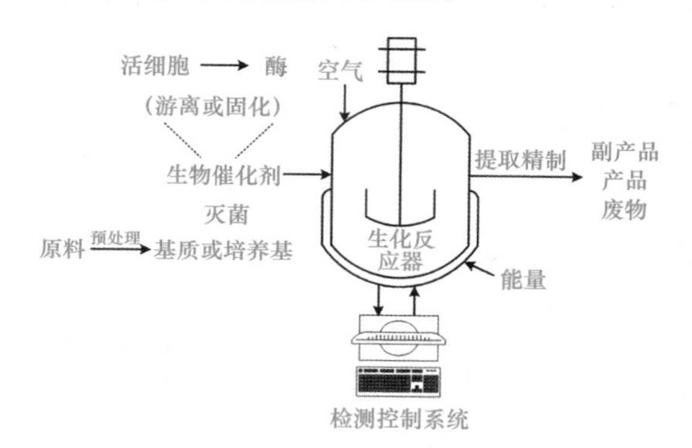


图 25　以生化反应器为核心的生物工程

生化反应器（图 26）是生化产品生产中的主体设备，用于进行酶反应、细胞培养、常规微生物和基因工程菌的发酵和废水处理等。生化反应器的几何参数、结构特征、操作类型、流动和混合状态、能量引入的方式会影响生物反应速率，以至影响产物的选择性和产率。生化反应器的规模与生物过程的特性密切相关。重组人生长激素的大规模生产只有 0.2 立方米的规模，医药工业中传统的微生物次级代谢发酵产品青霉素已经超过 200 立方米的规模，大的废水处理生物反应器有 15 000 立方米的规模。

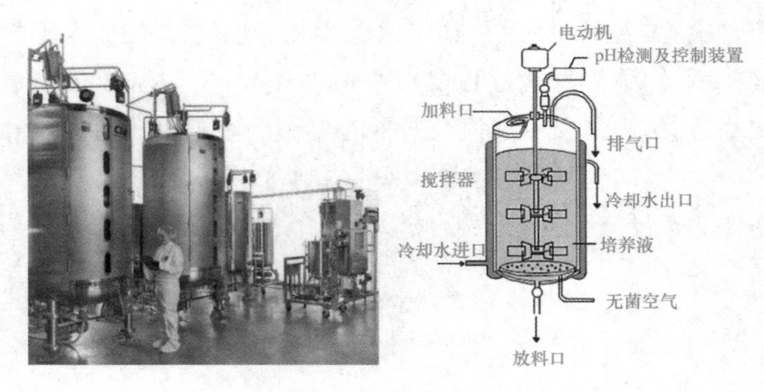


图 26　生化反应器

## ➡➡机器功能与多学科原理

在现代机器中，有很多机器的功能原理都涉及多个学科，即多学科原理的综合应用。如图 27 所示的燃气涡轮发动机，其主要由压缩机、燃烧室和涡轮机三大部分组成。左边部分是压缩机，有空气入口，通过压缩机将空气压缩为高压空气，以机械原理把机械能转化为空气压力，属于物理变化；中间部分是燃烧室段（燃烧室），内有燃烧器，把燃料与空气混合进行燃烧，属于化学变化，燃料在燃烧室中燃烧，产生高温高压空气；右边是涡轮机，它是空气膨胀做功的部件，高温高压空气膨胀推动涡轮旋转做功，属于物理原理与机械原理的结合。

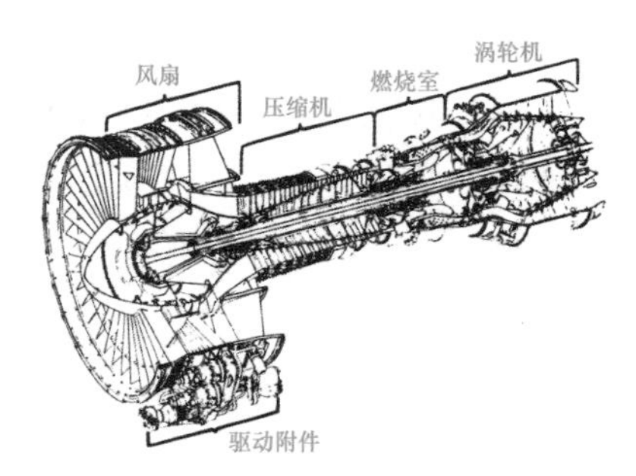

图 27 燃气涡轮发动机

## ▶▶机械与技术，知识体系的转化魅力

功能原理是机械发明与创造的第一步，还需要将其转化为具体的机器加以实现。作为人造装置，人们是怎样设计制造机器的？其背后的依据是什么？机械学科的核心内容就是机械设计和制造，为了实现预期的功能原理，需要设计具体的机械构型与结构、采用特定的加工设备加工并组装，还需要进行检测与调试。机械的设计、制造和检测技术涉及很多学科的知识，在此仅以典型产品的设计制造为例简介，以了解机械设计和制造的基本过程。

### ➡➡机械设计理论与方法

机械设计是以功能原理与性能要求为目标，设计具体的机器，主要包括运动设计、结构设计、材料设计和性能设计等部分。运动设计主要针对机械原理，即机构构型与尺寸；结构设计主要针对各种零部件以及零部件之间的连接，设计具体的结构以满足机器的强度、刚度和要求；材料设计是针对零件的材料进行的，即选用合适的材料种类；性能设计则是将具体性能制造落实到各个零部件，以保证整机性能的要求。

**✣✣运动设计**

机器功能原理需要由相应的运动实现，这些运动的原理便是机器的机械原理，是机械设计的重要内容。不同机械原理是机器分类的标志，机械原理创新是机械产品创新中最活跃的因素，它将导致产品更新换代，在机械产品中屡见不鲜。

蒸汽机使人类走向工业化时代，纽科门发明了蒸汽机，但没能走向工业化应用。瓦特在纽科门蒸汽机的基础上发现了新运动原理，使得蒸汽机的输出转化为连续回转的机械运动做功，进而得到了广泛应用，推动了产业革命的发展。史蒂芬森发现了蒸汽机的新运动原理，被广泛应用于火车头——蒸汽机车，今天的内燃机车仍然采用该原理，在历史留下光彩的一笔。蒸汽机的机械原理如图 28 所示。

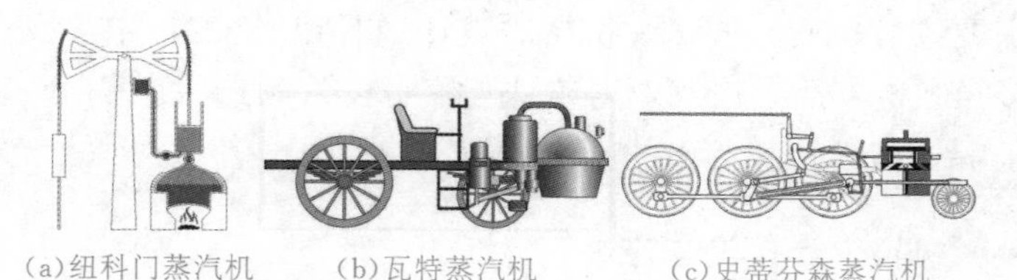

(a)纽科门蒸汽机　(b)瓦特蒸汽机　(c)史蒂芬森蒸汽机

图 28 蒸汽机的机械原理

今天的电力机车已经不再使用蒸汽机车的机械原理，而采用另一种机械原理——电动机加齿轮箱到车轮传动原理。随着发动机从内燃机到(化学电池)电动机和新能源(燃料电池)电动机的变化，汽车行驶的机械原理，由发动机、变速箱、传动轴到车轮，改变为轮毂电动机到车轮的机械原理。

在机械制造领域，有各种各样的加工机床，如车床、铣床、磨床、多轴加工中心、车铣复合机床、锻造机床和冲压成型机床等，它们都有不同的机械原理。在冲压成型机床领域，实现同样往复冲压功能，却有数十种不同运动原理的冲床，四种冲床的机械原理如图 29 所示。

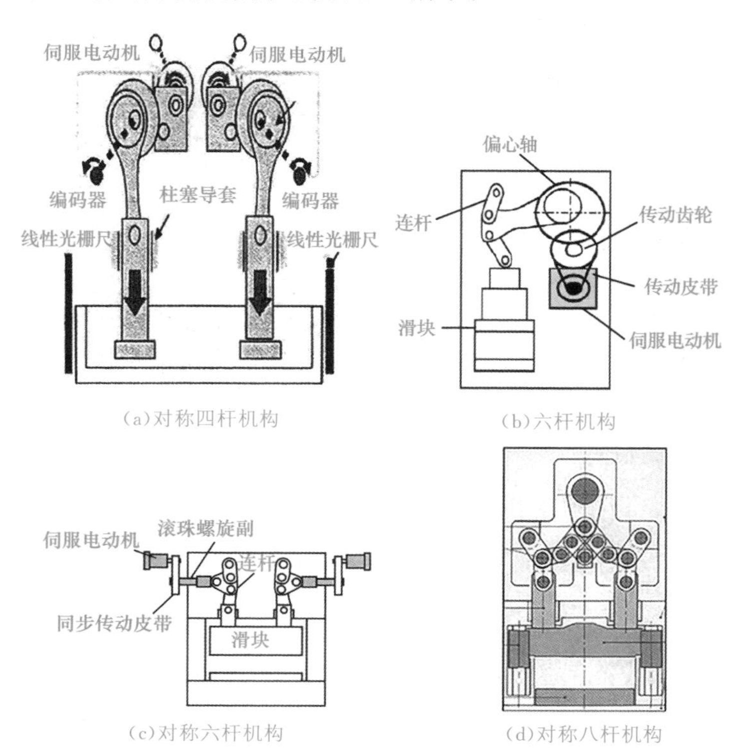

图 29　四种冲床的机械原理

在四足行走机器人（图 30）领域，实现四足行走功能，有不同的腿部动作和四条腿的协调运动原理，呈现出丰富多彩的局面，为设计者提供了无限想象和创新空间。

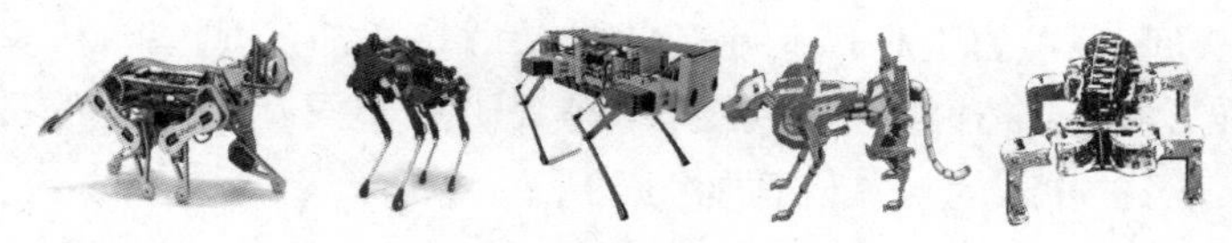

图 30　四足行走机器人

因此，机器在物理、化学和生物学功能原理确定的情况下，采用不同的运动原理，可以得到相同功能的不同类型机器，实现机械原理的创新。

### 结构设计

机器有功能原理、运动原理，它们必然需要相应的结构予以支撑，一种机器具有相同的功能原理和运动原理，却可以有不同的结构和尺度。结构设计是极具魅力的技术创新，是机械技术体系的重要内容，在各类机械与机器中普遍存在，也是机械领域中专利最多的分支。如四足机器人，对于本体和腿部结构，可模仿不同动物的形状、步态和神态，形成仿生机器动物。自行车有数十种千奇百怪的不同结构，如图 31 所示。

### 材料设计

机器的材料不仅影响其制造工艺和成本，而且会改变机器的功能、性能和观感。因此，材料设计是机械技术体系的重要内容，选择和应用新材料也是机械技术创新的要素。

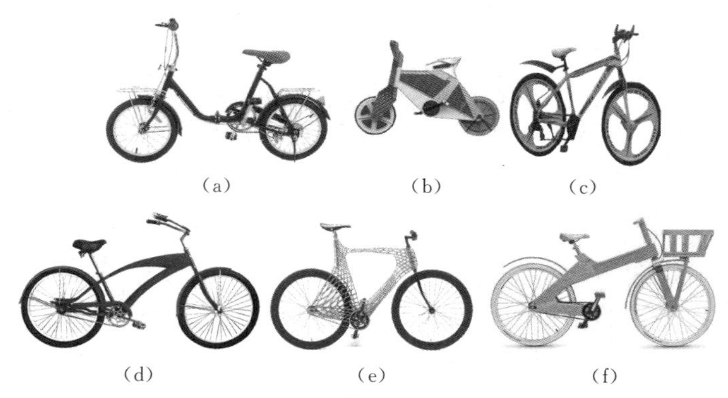

图 31　不同结构的自行车

机械常用材料有金属(黑色金属与有色金属)材料、非金属材料(有机高分子材料、无机非金属材料、复合材料等),新材料的应用可以提升机械产品的功能与性能。选择不同的材料和毛坯,将给机器的制造工艺和性能带来显著的影响和变化,是控制成本的重要因素。工程塑料的应用,使家用电器和家具产品更加轻便美观;复合材料在航空航天、汽车领域的应用,使得有效载重大幅提高,国产歼 11B 战斗机,由于采用复合材料,飞机的机体质量会减少 700 多千克,机体寿命约增加 10 000 小时。正是超纯硅、砷化镓材料的研制成功,才有了今天的大规模集成电路和芯片。高分子材料在化工过程机械制造中将获得更加广泛的应用,可以大大提高设备的耐腐蚀性能。化工新材料、微电子材料、光电子材料和新能源材料等领域成了研究最活跃、发展最快的领域之一,材料创新为机械装备提供了技术支撑,已成为推动人类文明进步的重要动力之一,也促进了机械技术的发展和产业的升级。

### ✣✣性能设计

对于一些性能要求较高的机器，如高档数控机床、核电装备和航空航天装备等，还需要考虑整机的性能需求，对机器进行性能设计。性能设计是保证机器在服役期间正常工作的前提，是机器创新的软实力。如精密数控机床，为达到工作精度的要求，需要设计整机及零部件的精度、刚度和强度等，其过程包括大量的设计计算、仿真优化和试验迭代等。在很多场合，机器失效正是因为关键部件的性能缺陷。

### ➡➡机械制造技术与装备

制造工艺是产品功能与性能的保障，也是成本和质量的最终载体。好的工艺设计不仅会提高产品的品质，也会提高效益，它是机械技术体系的重要组成部分。工艺分为使用机器制造产品的工艺和制造机器的工艺，前者如流水线工艺和参数，后者则为制造机器工艺过程和参数。无论是使用机器，还是制造机器，都有进行工艺创新的条件和机遇。

对于使用机器制造产品的生产线工艺过程及参数，生产线由多台机器设备组成，生产线工艺的变化需要相应的机器及参数改变，乃至新机器；而新机器的功能推动了工艺进步，这是新工艺的核心要素。如芯片生产线，光刻机是不可缺少的设备，不同纳米制程的芯片，需要不同精度的光刻机，光刻机成为芯片制造工艺技术水平的标志。又如汽车零部件的制造，一个零件的几道工序需要对应几个机床组成生产线加工。像巧克力生产线(图 32)，采用不同的工艺流程和参数(如成分比例、温度、时间等），会生产出不同口味的巧克力，这些工艺和参数由生产线上的机器设备配置实现。而家用电器中的洗衣机和电饭锅，可以设置不同的工作流程参数，以及适应不同工作对象的工艺参数，为用户提供更好的服务。

机器关键零部件的制造工艺决定了机器的技术水平。对于大型复杂零件或精密器件，制造工艺是核心技术，即使是普通机器及其零部件的制造，制造工艺也是决定成本和效率的重要因素，不同工艺的效果差别显著。对于特殊异形复杂形体、难加工材料的零件和有特殊要求（超精密、维纳尺度）的加工尤为如此，如像镜面那样的超光滑表面，像荷叶那样的不沾水（疏水）表面或相反的沾水（亲水）表面，像大理石那样的硬脆材料，像芯片集成电路那样的微纳尺度，像碳纤维那样的复合材料，等等，均需采用特种加工新工艺。对于复杂形体零件，如箱体、涡轮机叶片等复杂零件，以前需要多道工序对应多台机床加工，甚至难以加工，现在可以采用多轴联动加工中心（图 33）加工，一台机床可以一次完成全部加工工序，效率与精度较高。而对于内部难以加工的零件，可采用 3D 打印成型等增材制造工艺。

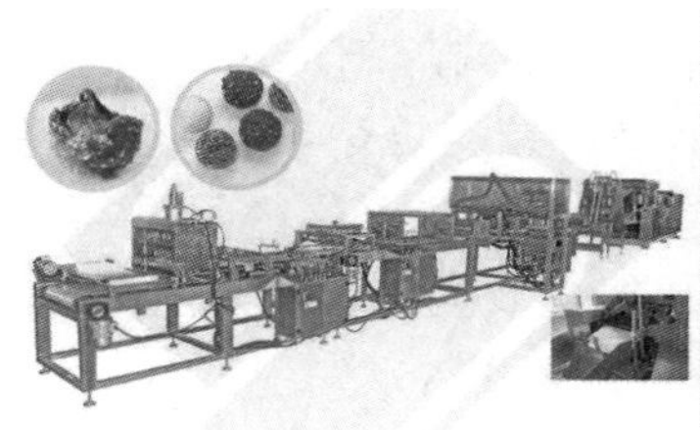
图 32　巧克力生产线

图 33　多轴联动加工中心

## ➡➡机械测控技术与仪器

测控是指通过测试、测量技术采集并处理数据信息，达到控制机器设备的目的。测控技术体系包含测量技术、控制技术和实现这些技术的仪器仪表及系统，它是机械学科技术体系的重要组成部分。随着生产技术的发展，测控技术从最初的控制单个机器设备，发展到控制整个过程，乃至整个生产系统。在此以典型行业及机器设备的测控技术为例加以说明。

冶金工业：如炼铁过程的热风炉控制、装料控制与高炉控制、轧钢过程的压力控制、轧机速度控制和卷曲控制等。正是因为有了控制系统，冶金技术的整体水平才得以提高，各种参数的精确测试和调控是保障冶金质量的关键。

煤炭工业：如采煤过程的煤层气检测、矿井空气成分检测、矿井瓦斯检测、井下安全检测与保障监控，煤精炼过程的熄焦过程控制、煤气回收控制、精炼过程控制、生产机械传动控制等。这些控制系统是煤炭安全生产的技术保障。

精密数控机床：精密数控机床的出现是机床原理的巨大变革，在精密数控技术出现之前，机床的控制都是靠机械装置，如调速、进给等，其传动控制系统结构复杂，效率低，控制的精度也不高。数控技术的出现彻底解决了这些问题，通过伺服电动机与控制器的组合，可以实现复杂的运动控制，现代的多轴加工中心正是基于数控技术才得以实现。

智能汽车：智能汽车是测控系统应用的典型，在汽车的行驶过程中，通过各类传感器监测汽车的运行状态、汽车周边的环境状态以及车上乘员的状态，从而实现智能驾驶。没有测控技术的发展，就不可能有智能汽车。

测控技术是信息技术的源头，是信息流中的重要一环，对信息技术的发展有着不可替代的作用，在未来的机器及工业系统中，测控技术的应用会更加广泛而重要。

### ➡➡机械产品新技术

机械产品在不断地更新迭代，其相关的基础科学也在不断地推陈出新，机械与新技术的结合将实现机械变革。以微机电技术为例做简要介绍，它属于典型的多种新兴科学与技术的集成。

大而笨重是人们早期对机械的印象，微小尺度零件与器件已经成为机械工程领域的重要内容，微机电系统 MEMS（Micro-Electro Mechanical System）早已进入我们的生产与生活中，智能手机、健身手环、打印机、汽车、无人机以及 VR/AR 头戴式设备等，部分早期和几乎所有近期电子产品都应用了 MEMS 器件。

以智能手机为代表的移动设备，应用了大量的传感器以增加其智能性，提高用户体验度。在智能手机中，使用了多个陀螺仪和加速度传感器、电子罗盘、指纹传感器、距离传感器、环境光传感器和 MEMS 麦克风等，手机上这些传感器是微机电系统的组成部分，有的属于集成设计制造，有的属于器件设计制造，其功能原理都属于物理学原理，简述如下。

陀螺仪和加速度传感器：采用主体质量块与柔性铰链机械结构，当感应到加速度时，质量块相对于底座产生位移，以电容式传感（或压阻式、力平衡式和谐振式等）与放大器将位移转换为电信号，即物理学中的力学（动力学）原理。

电子罗盘：由一个检测磁场的三轴磁力传感器和一个三轴加速度传感器组成，以一种对外界磁场很敏感的结构合金制作各向异性磁致电阻材料，来检测空间中磁感应强度的大小，磁场的强弱变化会导致向异性磁致电阻自身电阻值发生变化，将其阻值放大输出为随外界磁场变化的信号，即物理学中的电磁场原理。

指纹传感器：采用电容（或超声波）测量指纹（距离）形成图像，属于物理学的电学（或声学）原理。

距离传感器：手机距离传感器大多是红外距离传感器，其具有一个红外线发射管和一个红外线接收管。当发射管发出的红外线被接收管接收到时，表明距离较近，需要关闭屏幕以免出现误操作现象；而当接收管接收不到发射管发射的红外线时，表明距离较远，无须关闭屏幕。

## ▶▶机械与工程，分工协助的组织效应

一方面，机器是量大面广的产品，我国的汽车年产量达数千万辆；另一方面，机器也是极其复杂的产品，一架波音747飞机有600多万个零部件。人们是如何分工和组织生产的？其背后的道理是什么？这些都是机械的工程问题，它包括以下几方面：

## ➡➡机械产品的市场需求

机械行业是我国大力发展的产业之一，其范围很广，是我国工业的主要组成部分，在国民经济体系中占有重要的地位。机械行业包括金属制品业、通用设备制造业、专用设备制造业、交通运输设备制造业、电气机械及器材制造业和仪器仪表及文化、办公用机械制造业，它是我国国民经济的重要组成部分，是传统产业与现代产业相结合的产业。其上游产业有采矿业、钢铁行业和能源行业等，下游产业有运输业、建筑业以及电力、燃气及水的生产和供应业、纺织、食品等制品业。从航空航天、武器军工、基础设施建设和水利水电等到与人们密切相关的生活类产品，机械行业各大类别之间也会形成互相影响渗透的关联机制。从宏观上讲，机械产品的市场需求与国际国内的经济社会发展形势息息相关，国民经济发展的速度对机械设备的需求有较大影响，会导致机械行业需求总量的上升或下降。

随着国民经济的发展和产业结构的调整，机械行业在国民经济中的地位也发生着改变。机械工业如果能够克服市场波动和上游产品大幅提价等不利因素的影响，就会实现由高速增长向平稳增长的过渡，主要经济指标基本实现持续稳定增长。机械行业固定资产投资占全社会固定资产投资的比重持续稳步上升。当机械行业处于经济运行情况良好状态的时候，如果投资增幅较高，就会逐步显现产能过剩，同时，如果能源和原材料价格上涨过快以及人民币升值，就会对产品的出口造成不利影响，并导致机械行业的供给增速减慢。

整体来说，机械产品的市场需求会受到国家的宏观调控政策、固定资产投资和行业景气指数的影响。具体细分的话，不同行业的销售率也会有明显差异。从各行业情况来看，在目前销售率较高的几个行业中，汽车行业销售率最高，反映出汽车制造厂家密切跟踪市场需求，较好地安排生产；其次是文化办公设备和工程机械行业；产品销售率最低的食品与包装机械行业也超过了95%。我国的机械行业是一个以内需为主的产业，从机械产品国内外市场情况分析，大多数行业产品市场主要是依靠国内需求。

## ➡➡机械产品生产模式

纵观近300年来世界先进制造生产模式的发展史，制造业经历了单件生产、少品种小批量、少品种大批量、多品种小批量生产模式的过渡，并随着科学技术的发展向大规模定制生产模式（多品种大批量生产模式）发展。计算机等先进技术的出现更是促进了先进制造生产模式的发展，使人机关系得到有效改善。

### ✣✣少品种大批量（刚性流水线）

美国发明家、机械工程师和制造商惠特尼提出互换性和大批大量生产，亨利·福特开创了机械自动流水线生产，出现了少品种大批量生产的模式。这种生产模式的主要特征是：少品种大批大量生产、塔形多层次的垂直领导和严格的产品节拍控制。其市场特征与少品种单件小批生产模式相同，都是卖方市场。刚性生产线大大提高了生产效率，从而降低了产品成本，但这是以损失产品的多样性为代价的。

### ✣✣柔性自动化生产阶段（多品种少批量）

1952年美国麻省理工学院试制成功第一台数控铣床，揭开了柔性自动化生产的序幕。1968年英国莫林公司和美国辛辛那提公司建造了第一条由计算机集中控制的自动化制造系统，定名为柔性制造系统。20世纪70年代出现了各种微型机数控系统、柔性制造单元、柔性生产线和自动化工厂。其主要特征：工序集中，无固定节拍，物料非顺序输送将高效率和高柔性融为一体；生产成本低，具有较强的灵活性和适应性。

### ✣✣多品种大批量（大规模定制生产）

大量定制是一种在系统整体优化的思想指导下，集企业、顾客、供应商和环境于一体，充分利用企业已有的各种资源，根据顾客的个性化需求，以大量生产的低成本、高质量和高效率提供定制产品和服务的生产模式。大规模定制生产的基本思想：将定制产品的生产问题，通过产品结构和制造过程的重组全部或部分转化为批量生产。大规模定制生产具有以下特征：以客户需求为导向；以现代信息技术和先进生产制造技术为支撑；以客户细分，产品结构的模块化、零部件和生产工艺的通用化、标准化为平台和手段。

### ✣✣并行工程

并行工程也称并行设计或同期工程，其概念是由美国国防部防御分析研究所于1988年12月首先提出的。它通过组成多学科产品开发队伍，改进产品开发过程，利用各种先

进的计算机辅助工具和产品数据管理（Product Data Management，PDM）等技术手段，使产品开发的早期阶段能及早考虑下游的各种因素，达到缩短产品开发周期、提高产品质量、降低产品成本的目的。它要求各有关部门人员在产品开发的早期阶段就要介入，而且参与每一个有关环节，强调各个部门的“协同工作”，即产品设计师、工艺师、财务分析人员、生产计划人员以及采购供应、市场营销人员在开始时就集合在一起，把过去的“传递下去”，变成各部门之间的“同室协调”。通过研究协商、加强配合，充分利用集体智慧，获取有效的知识和经验，使产品设计能更好地满足用户要求，大大减少设计中的返工现象，从而缩短产品开发周期，降低成本。

### ✣✣敏捷制造

1988 年美国 GM 公司和理海大学共同提出敏捷制造战略，于 1990 年向社会半公开。其主要特征：并行特性，把时间上先后顺序的活动转变为同时考虑和尽可能同时进行处理的活动；整体特性，将制造系统看成一个有机整体，设计、制造和管理等过程不再是相互孤立的单元而是将其纳入一个系统考虑；协同特性，特别强调群体协调作用，包括与产品全生命周期（设计、工艺、制造、质量、销售和服务等）的有关部门人员组成的小组协同工作。

### ✣✣精益生产

精益生产是由美国麻省理工学院倡导的国际机动车研究小组用 5 年时间全面总结日本丰田公司等 90 余家汽车企业生产方式后提出来的。精益生产是相对于大批量生产而言的，它注重时间效率，其焦点是识别整个价值流，使价值增值流动并应用顾客拉动系统，使价值增值行为在最短的时间内流动，找出创造价值的源泉，消除浪费，在稳定的需求环境下以最低的成本及时交付高质量的产品。精益生产具有如下几个特征：消除浪费、看板管理、快速变换程序。

现代设计理论和方法与计算机科学的发展使得先进制造生产模式不断涌现。技术的革新促进了智能制造系统的出现，人机系统趋向于智能化。制造生产模式的改变推动了生产力的发展，而计算机等技术的革新则促进了制造生产模式的先进化，反映出科技是改变生产力的第一要素。

### ➡➡机械产品供应链体系

供应链是由物料获取并加工成半成品或成品，再将成品送到用户手中，最后对废弃物进行回收处理的一些企业和部门构成的链状结构或网络结构。供应链是一个从供应商到顾客所组成的网络系统。其中心是供应链的核心企业，它的服务对象是产品或服务的最终用户。它有几个主要评价指标：速度、柔性、质量、成本和服务。供应链是社会化大生产的产物，是重要的流通组织形式和市场营销方式。

供应链形成与发展的一般过程：供应链目标的确定—供应链的形成—供应链的稳定发展—新目标的确定—新供应链的形成—新供应链的稳定发展。其中核心企业或优势企业是过程的推动者，它通过协调各企业的利益和目标，促成各企业在共同利益和一致性目标基础上，建立供应链联盟。随着供应链的稳定发展，供应链中成员企业相应可以获得各

自的利益。由于供应链中核心企业进一步发展的需要，又会设立新的目标，于是开始新的一轮循环。本部分以汽车工业为例简述机械产品供应链与装配线。供应链管理如图 34 所示。

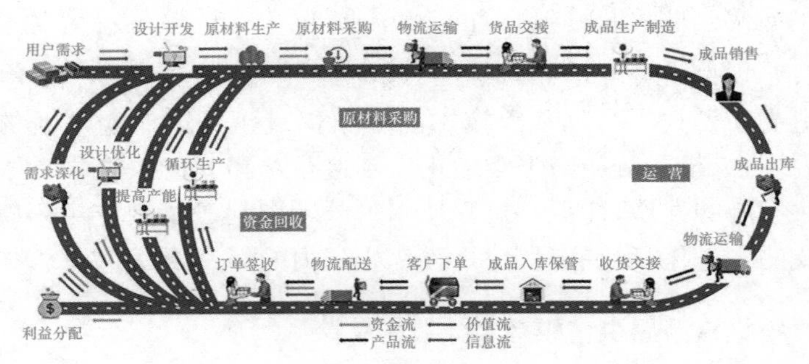


图 34　供应链管理

### ❖❖汽车工业供应链的结构

汽车工业供应链的主要组成部分可分为供应商零部件的运输供应物流、生产过程中的储存搬运物流、整车与备件的储存及运输物流和工业废弃物回收处理物流等。汽车工业供应链包括从零部件的供应到整车交付中的所有流程，即包含储存、加工、整车制造、车辆配送及备件供应等流程，是最复杂的供应链系统之一。通常一个整车制造厂所配套的供应商多达上百家，如此庞大的零配件供应群体和相应的运输、配送环节，构成了层次繁多、结构复杂的供应物流体系。汽车供应链扩大了整车制造厂的管理范畴，把影响汽车整车制造厂业务运行的因素延伸到了企业外部，与汽车供应链上的所有企业都联系起来了。这条链上的所有物流活动也都紧密地围绕着整车制造厂的运作，形成了一个集成物流系统。目前，汽车工业供应链主要有两大类型：敏捷型供应链和精益型供应链。敏捷型供应链的重要特征是响应迅速，它能保证企业的供应链运作与市场中的需求同步，注重服务水平。精益型供应链的重要特征是减少浪费，它的宗旨是以尽可能少的投入获得最大的收益，注重成本控制。

汽车工业是当今世界上最大的制造业，融多种技术于一体，其产业规模大、链条长，对相关产业的带动作用十分显著。除了汽车制造业本身以外，从上游来讲，钢铁、机械、橡胶、石化、电子和纺织等原材料行业都会受益。从下游来讲，保险、金融、销售、维修、加油站、餐饮和旅馆等服务行业都会得到不同程度的利益。在未来相当长一个时期内，汽车的生产和消费将成为拉动国家经济增长的重要力量。

## ▶▶机械与艺术，功能与艺术的美妙结合

工业设计的对象是批量生产的产品。工业设计强调技术与艺术相结合，它是现代科学技术与现代文化艺术融合的产物。它不仅研究产品的形态美学问题，而且研究产品的实用性能和产品所引起的环境效应，使它们得到协调和统一，更好地发挥其效用。工业设计的目的是满足人们生理与心理双方面的需求，通过对产品的合理规划，而使人们能更方便地使用它们，使其更好地发挥效力。在研究产品性能的基础上，工业设计还通过合理的造型手段，使产品能够富有时代精神、符合产品性能、与环境协调的产品形态，使人们得到美的享受。

## ➡➡工业设计人性化——操作界面与装置的人机设计

人性化设计是指在设计过程中，根据人的行为习惯、人体的生理结构、人的心理情况和人的思维方式等因素，在原有设计基本功能和性能的基础上，对产品进行优化，使体验者使用起来非常方便、舒适。人性化设计是对人的心理生理需求和精神追求的尊重和满足，是设计中的人文关怀，是对人性的尊重。

人体工程学的宗旨是研究人与人造产品之间的协调关系，通过对于影响人机关系的各种因素，如人的活动能力、行为特征、动机和反应等的分析和研究，寻找最佳的人机协调关系，以系统的方式引入设计过程，为设计提供依据，以求最大限度地优化人和其他系统因素之间的互动，来保障产品的使用安全、效率和最佳性能。

第二次世界大战以后，人机工程学在军事工业方面的诸多研究成果被应用于汽车、机床、电器、家具、日常用品和建筑等众多的民用领域。人机工程学的研究内容和应用范围很大，在工业设计中，它突出的特点是把人的因素作为产品设计中的重要参数，从而实现产品与人之间功能的合理分配，其与产品的有机结合，为人们在工作和生活中提供更安全、舒适、健康的环境与产品，把人机与环境统一考虑，为设计师在工业产品设计中解决人、机器与环境之间的关系问题提供了科学的研究方法。

### ✣✣信息传播设计

视觉、触觉和听觉等形式是人与产品之间进行信息传播的主要渠道。在人机交互研究中，屏幕、信号图和仪器标签等是视觉信息的主要途径，提示音和报警声音是听觉信息的主要途径。在产品设计模式上将其融入人们的习惯，这就会提高其对产品的使用效率。

### ✣✣操作装置设计

从交通工具到航天器等产品，驾驶舱设计更能体现人机系统的重要性。在人机系统中，操纵装置的设计是针对人与机器的系统性设计，对于提升使用者的操作效率和降低疲劳有直接的影响。例如结合人类的生理结构特点，充分考虑人体力学，对操作装置的操作力、形状、运动状态、位置与布局等进行合理设计优化，使系统提供最为便捷的操作功能，避免机器的操作过于复杂而降低了工作人员的工作效率和工作积极性，基于人机工程学的操作装置设计与信息传播设计和基于人机工程学设计的工具手柄分别如图 35 和图 36 所示。

图 35　基于人机工程学的操作装置设计与信息传播设计

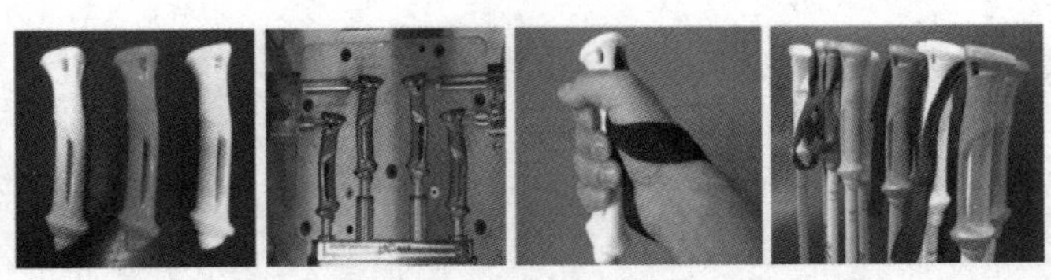

图 36　基于人机工程学设计的工具手柄

### ❖❖人性化设计

工业设计在生命科学与医疗领域的应用，医疗器械作为与人密切接触且具有操作技术性的产品，其外观、功能、结构和使用方式等方面都需要以工业设计的视角仔细斟酌设计。医疗器械的外观造型设计应该在满足医疗功能和确保产品安全的前提下，重视产品色彩和产品外形对于人的精神和情绪的积极影响，在设计中融入舒适性和宜人性的设计理念，并照顾人类的情感特性，协调和平衡人的情感因素，满足人机工程学的设计要求，使设备安全可靠、操作直观简便、外形亲和美观，为病患提供细致入微的人性关怀，为医护人员提供专业且精准的人机界面和使用方式，为其他使用者提供易学易操作的使用体验。

### ➡➡视觉效果艺术化——形体、色彩的美学设计

产品形态美学要素包括产品形态的体量、产品形态中的色彩、产品形态中的内在结构、产品形态的材质与人机关系等。产品形式美学的构成法则包括变化与统一、对称与平衡、比例与尺度、对比与协调、节奏与韵律、结构美、色彩美、质地美和工艺美等。在工业设计中，外观造型设计是重要的

设计内容之一。主要包括产品的外部材质、位置、颜色和尺寸等进行合理的设计，这些因素将极大地影响使用者的使用感受，也会传递各种情绪，从而对产品的使用积极性以及功能的发挥造成一定的影响。

### ✣✣工业装备/生产线视觉设计

工业设计包括了几乎一切机械化批量生产的工业产品以及为推广这些产品而进行的一切活动。工业设计不只是根据人们的需求创造出新的产品，在一个工业产品的生产制造过程中，它也发挥了重要的作用。产品一般是通过大型成套的装备即生产线生产制造的。生产线包含了一个产品的生产到装配及试验的全部环节，设备种类繁多，功能各不相同，设备之间形态差异较大，设计风格迥异，组装之后往往导致成套装备外观形象杂乱无序，与生产制造环境不协调，影响企业形象。这种大型成套的生产装备也需要满足功能齐全、造型美观、形式新颖和安全环保等要求，以改善生产环境，打造良好的企业形象。这就需要工业设计师将工业设计理念和方法融入其中，贯穿整个生产线的设计与研发过程中。

机床是指制造机器的机器，也可以称为母机或工具机，习惯上简称为机床。如果说机械工程师考虑的是机床的结构关系，那么工业设计师考虑的便是人和机床的关系。机床的外观、尺寸的大小、表面的纹理以及各个构件的布置等都会影响到人的使用体验。

### ✣✣工业设计的巅峰——交通工具设计

如果只能用一个事物来诠释工业美学的话，汽车是毫无疑问的首选。首先，它作为一个典型的工业产品，包含了各种典型的机械元件和零部件；其次，它讲究美学，结合空气动力学与设计要素于一身。可以说，汽车设计是工业设计的巅峰，它是几乎所有的设计门类的集成领域。它涉及精确的人机工程，需要绝妙的造型美感，更是要求设计团队在设计与工程之间能实现完美的平衡。在计算机技术、5G、大数据和自动驾驶等智能技术的催化下，汽车设计的重点不再只是汽车的造型，还有汽车作为人们生活中的一个可移动的隐私空间可以承载的生活功能，设计师通过汽车这一载体来表达对未来人们生活方式的愿景与期许。

### ✣✣翱翔空天海洋——工业设计在航空航天航海领域的应用

工业设计在航空航天领域也有所应用，例如民航客机与各类航天器。民航客机工业设计是围绕民用飞机及其系统所进行的预想开发和创造的设计活动。此外，工业设计也需要解决飞机的形象、广告、展览和市场促销等方面的问题。除了内饰，飞机的整体造型和外饰涂装也需要有工业设计师进行设计，飞机的整体造型除了达到美观、有辨识度的需求之外，对于空气动力学等专业知识也要求甚高，这就需要设计师与工程师进行紧密且有默契的配合。

船舶反映了一个国家的综合科学技术水平，是一种综合、复杂、涉及领域广泛的工业产品。船舶的外观设计要和功能相统一，不仅要反映出船舶的性能要求，还要能体现出速度感和安全感。

### ✣✣息息相关人们生活——民用产品设计

工业设计大显身手、大放异彩的领域是与人们生活息息相关的家用电器领域。从清晨做早饭时接触的冰箱、电磁炉，到休闲时用来放松娱乐的电视机、音响，再到日常清洁使用的洗衣机、剃须刀和电吹风机等，可以说生活中没有哪一件电器离不开工业设计的打造。人们对家电产品的要求已经不再单纯地局限于功能满足，而是更多地关注生活上更高层次的享受，比如时尚、品质、个性。

在设计家电产品时，设计师需要运用人机工程学使得产品易用、好用，还要结合设计心理学、感性工学等知识创造具有美感和用户喜爱的外观造型，设计师还需要与时俱进地了解材料学科、产品加工工艺的新技术、新动向，紧跟时代潮流，以便打造出符合时代特征的家电产品。

### ➡➡工业设计数字化——过程、工具的软件与数据

计算机辅助工业设计(Computer Aided Industrial Design，CAID)的现代含义是指以计算机硬件、软件、信息存储、通信协议、周边设备和互联网等为技术手段，以信息科学为理论基础，包括信息离散化表述、扫描、处理、存储、传递、传感、物化、支持、集成和联网等领域的科学技术集合。在计算机辅助工业设计系统的支持下进行的工业设计领域的各类创造性活动，是以计算机技术为核心的信息时代环境下的产物。计算机辅助工业设计正是以信息技术为依托，以数字化、信息化为特征，计算机参与新产品开发研制的新兴设计

方式。其目的是提高效率，增强设计的科学性、可靠性，并适应信息化的生产制造方式。

工业设计的基础工具软件按其性质可分为两类：一类是平面(二维)软件，另一类是三维软件。平面(二维)软件分为Photoshop (PS)、Coreldraw (CDR)、Illustrator (AI)、InDesign (ID)等，常用于图形设计与版式设计以及产品概念效果图渲染等；三维软件包括Rhino、Keyshot、Cinema4D(C4D)、3Dmax、Creo和Solidworks等，主要应用于产品的概念设计与结构表达等方面。

在工业设计中，应用参数化软件可以快速实现在视觉上更丰富更具规律变化的设计方案。例如Grasshopper(GH)软件，GH是一款基于Rhino平台运行的可视化编程语言，是数据化设计方向的主流工具之一，同时与交互设计也有重叠的区域。GH可以通过输入指令，使计算机根据拟定的算法自动生成结果，算法结果不限于模型，视频流媒体以及可视化方案；GH也可以通过编写算法程序，机械性的重复操作及大量具有逻辑的演化过程可被计算机的循环运算取代，方案调整也可通过参数的修改直接得到修改结果，这些方式可以有效地提升设计人员的工作效率。在具体的产品设计中，例如在汽车格栅设计中，能够以参数化手法创建特征矩阵从而实现极富视觉张力的效果，工业设计中的参数化如图37所示。

图37　工业设计中的参数化

# 机械，人才辈出的土壤与营养

子曰："工欲善其事，必先利其器。"

——《论语·卫灵公》

机械是古老而又年轻的大家族，直系、嫡系与旁系机械繁多，枝繁叶茂、人丁兴旺。有千百年岁的古老机械坚守岗位，也有诞生数月的幼嫩机械入职，这些机械在不同行业领域服役，扮演不同角色，有不同的称呼、群组和部落，也被赋予了不同的底蕴与内涵。有的历史辉煌、功勋卓著，有的默默无闻、任劳任怨；有的成熟老到、满腹经纶、学富五车，有的年轻时髦、朝气蓬勃、踌躇满志。机械这个具有数千年延续与传承的名门望族是土壤，知识、方法、能力与课程是营养，底蕴雄厚，人才辈出，后来居上。

## ▶▶机械家族图谱，专业覆盖面与名称由来

机械家族涵盖各行各业的人造装置与工具，在不同时

期、不同行业被冠以不同的名称或代号，也有不同的内涵，每个行业的机械都是机械家族的分支，能梳理出来龙去脉。

### ➡➡概述、名称与内涵

自中华人民共和国成立以来，由于我国高等学校经过院系调整、合并和合校等组织机构变化，以及院系名称和学科专业目录变更等，高等学校的院系、学科和专业都有不同时期的名称，往往容易混淆和产生歧义，在此依据国家有关部门文件用通俗语言做简单介绍。

机械：涵盖各种人造装置与工具，如各行各业的机器、器械与工具等。机械家族在广义上包括机械及其零部件的设计制造、使用维护到报废分解的全过程，狭义内涵是利用机器制造的机械产品——机器与器械及其零部件。

工程：是科学和数学的实际应用，以最短时间和最少人力、物力使工作对象的系统与组织具有更高的效率、效益和可靠性的过程。

机械工程：机械产品从无到有（正常使用）的产生过程涉及范围甚广，包括应用对象行业/领域的生产流程与功能/性能需求，产品设计，材料来源与加工，零部件制造、检测和调试、使用和维护等，机械产品是产业链上下游及相关环节在较长时间配合协作活动过程的结果，是科学和数学的应用。学科分类的门类为工程学。

专业：专门的业务，以从事某领域业务的专有知识、方法和能力见长。对于高等学校机械行业/领域的本科学生、硕士和博士研究生而言，掌握这些系统的知识、方法的深度与广度，解决机械工程问题的能力，即为不同阶段的专有知识、方法与能力。所谓专业，仅仅是指知识、方法和能力的应用对象与领域而已。

学科：是一个行业/领域的知识体系和围绕这些知识体系而形成的组织。在学术研究和组织教学时，将这些知识体系进行学术分类，形成某些相对独立的知识体系领域或分支。通俗地说，对大学教学而言，学科就是教学科目，即课程；对大学教学科研人员来说，学科就是学术组织，即同行群体。

## ➡➡教育部颁布的本科专业目录

自 1954 年第一份《高等学校本科专业目录》颁布以来，为适应国家经济建设需要，经历多次修改和调整，目前已有 6 个版本，其中具有代表性的为 1986 年版本和现在执行的 2012 年版本（已更新为 2021 版），现列举如下，有利于理解机械类专业的含义与名称变化。

### 1986 年版本

国家教育委员会 1986 年 7 月 1 日发布《高等学校工科本科专业目录》（高教二字〔1986〕第 013 号），其中机械类专业有 28 个（表 1），包含了各行业的机械。

表 1 1986 年《高等学校工科本科专业目录》中的机械类专业

| 专业代码及名称 | 专业代码及名称 |
| --- | --- |
| 0501 机械制造工艺与设备 | 0515 农业机械 |
| 0502 热加工工艺及设备 | 0516 汽车与拖拉机 |
| 0503 铸造 | 0517 船舶工程 |
| 0504 锻压工艺及设备 | 0518 铁道车辆 |
| 0505 焊接工艺及设备 | 0519 热能动力机械与装置 |
| 0506 机械设计及制造 | 0520 内燃机 |
| 0507 矿业机械 | 0521 热力涡轮机 |
| 0508 冶金机械 | 0522 锅炉 |
| 0509 起重运输与工程机械 | 0523 制冷设备与低温技术 |
| 0510 化工设备与机械 | 0524 水力机械 |
| 0511 高分子材料加工机械 | 0525 压缩机 |
| 0512 纺织机械 | 0526 真空技术及设备 |
| 0513 印刷机械 | 0527 流体传动及控制 |
| 0514 食品机械 | 0528 电子精密机械 |

注：鉴于保密原因，有关航空航天类专业没有列出。

### ✣✣2012 年版本

教育部 2012 年《普通高等学校本科专业目录》《普通高等学校本科专业设置管理规定》等文件规定的机械大类的相关专业见表 2。

表 2　2012 年《普通高等学校本科专业目录》
《普通高等学校本科专业设置管理规定》
等文件规定的机械大类的相关专业

| 专业类代码及名称 | 专业代码及名称 |
| --- | --- |
| 0802 机械类 | 080201 机械工程<br>080202 机械设计制造及其自动化<br>080203 材料成型及控制工程<br>080204 机械电子工程<br>080205 工业设计<br>080206 过程装备与控制工程<br>080207 车辆工程<br>080208 汽车服务工程 |
| 0803 仪器类 | 080301 测控技术与仪器 |
| 0805 能源动力类 | 080501 能源与动力工程 |
| 0818 交通运输类 | 081804K 轮机工程(学校申报专业) |
| 0819 海洋工程类 | 081901 船舶与海洋工程 |
| 0820 航空航天类 | 082002 飞行器设计与工程<br>082003 飞行器制造工程<br>082004 飞行器动力工程 |
| 0823 农业工程类 | 082302 农业机械化及其自动化 |

从 1986 年和 2012 年版本的专业目录可以看出，机械类的专业覆盖面越来越宽。

教育部每年都在《普通高等学校本科专业目录》(2012 年版)基础上增补批准的高校申请增设的专业。

在专业代码后加注字母“T”表示特设专业，是满足经济

社会发展特殊需求所设置的专业，“K”表示国家控制布点专业，是涉及国家安全、特殊行业的专业。

### ❖❖2020 年和 2021 年版本

目前《普通高等学校本科专业目录》已更新至 2021 版，2020 版新增的机械类专业有：080209T 机械工艺技术、080210T 微机电系统工程、080211T 机电技术教育、020212T 汽车维修工程教育、080213T 智能制造工程、080214T 智能车辆工程、080215T 仿生科学与工程、080216T 新能源汽车工程。2021 年版新增的机械专业有：080217T 增材制造工程、080218T 智能交互设计、080219T 应急装备技术与工程。

## ➡➡国务院学位委员会颁布的研究生专业目录

国务院学位委员会和教育部于 1997 年 6 月联合下发《授予博士、硕士学位和培养研究生的学科、专业目录》，在此目录基础上，又编制了《学位授予和人才培养学科目录》(2011 年)，目前更新至 2018 版。这些文件是国务院学位委员会学科评议组审核授予学位的学科、专业范围划分的依据。在该目录中，机械工程的学科门类为工学(08)，与教育部 1986 年和 2012 年版本中机械类本科专业相关的学科和研究生专业摘录见表 3。

表3 《授予博士、硕士学位和培养研究生的学科、专业目录》摘录

| 一级学科代码及名称 | 二级学科代码及名称 |
| --- | --- |
| 0802 机械工程 | 080201 机械制造及其自动化<br>080202 机械电子工程<br>080203 机械设计及理论<br>080204 车辆工程 |
| 0804 仪器科学与技术 | 080401 精密仪器及机械<br>080402 测试计量技术及仪器 |
| 0805 材料科学与工程 | 080503 材料加工工程 |
| 0807 动力工程及工程热物理 | 080703 动力机械及工程<br>080704 流体机械及工程<br>080706 化工过程机械 |
| 0824 船舶与海洋工程 | 082401 船舶与海洋结构物设计制造<br>082402 轮机工程 |
| 0825 航空宇航科学与技术 | 082501 飞行器设计<br>082502 航空宇航推进理论与工程<br>082503 航空宇航制造工程 |
| 0828 农业工程 | 082801 农业机械化工程 |

### ➡➡关于学科代码的国家标准

中国标准化研究院制定的《中华人民共和国国家标准学科分类与代码》(GB/T 13745—2009)规定了学科分类原则、学科分类依据、编码方法,以及学科的分类体系和代码,适用于国家宏观管理和科技统计(而非学位授予和人才培养)。呼应上述本科专业和硕士/博士研究生专业领域与名称,选

择与机械学科相关内容见表4。

表4　国家标准学科分类与代码（与机械学科相关）

| 代码 | 学科名称 | 说明 |
| --- | --- | --- |
| 220 | 林学 | 林业工程220.55，林业机械220.5520，林业机械化与电气化220.5530 |
| 230 | 畜牧、兽医科学 | 畜牧学230.20，畜牧机械化230.2060；兽医学230.30，兽医器械学230.3065 |
| 416 | 自然科学相关工程与技术 | 农业工程416.50，农业机械学416.5010，农业机械化416.5015 |
| 440 | 矿山工程技术 | 矿山机械工程440.60，采矿机械440.6010，选矿机械440.6020，矿山运输机械440.6030，矿山机械工程其他学科440.6099 |
| 450 | 冶金工程技术 | 轧制450.45，冶金机械及自动化450.50 |
| 460 | 机械工程 | 机械学460.15，机械原理与机构学460.1510，机械设计460.20，机械制造工艺与设备460.25，铸造工艺与设备460.2510，焊接工艺与设备460.2515，塑性加工工艺与设备460.2520，切削加工工艺460.2530，刀具技术460.30，机床技术460.35，流体传动与控制460.45，机械制造自动化460.50，数控技术460.5020，工业机器人技术460.5030 |
| 470 | 动力与电气工程 | 动力机械工程470.30，内燃机工程470.3020，流体机械与流体动力工程470.3030，喷气推进机与涡轮机械470.3040，动力机械工程其他学科470.3099 |
| 530 | 化学工程 | 化工机械与设备530.31 |
| 540 | 纺织科学技术 | 纺织机械与设备540.70，纺织器材设计与制造540.7010，纺织机械设计与制造540.7020，纺织机械与设备其他学科540.7099 |

（续表）

| 代码 | 学科名称 | 说明 |
|---|---|---|
| 550 | 食品科学技术 | 食品机械 550.40 |
| 560 | 土木建筑工程 | 土木工程机械与设备 560.50，起重机械 560.5010，土木工程运输机械 560.5020，土方机械 560.5030，桩工机械 560.5040，石料开采加工机械 560.5050，钢筋混凝土机械 560.5060，装修机械 560.5070，土木工程机械与设备其他学科 560.5099 |
| 570 | 水利工程 | 水力机械 570.30 |
| 580 | 交通运输工程 | 公路运输 580.20，车辆工程 580.2010；铁路运输 580.30，铁路机车车辆工程 580.3030；水路运输 580.40，航海技术与装备工程 580.4010，海事技术与装备工程 580.4080；船舶舰船工程 580.50 |
| 590 | 航空航天科学技术 | 航空器结构与设计 590.15，气球、飞艇 590.1510，定翼机 590.1520，旋翼机 590.1530，航空器结构与设计其他学科 590.1599；航天器结构与设计 590.20，火箭、导弹 590.2010，人造地球卫星 590.2020，空间探测器 590.2030，宇宙飞船 590.2040，航天站 590.2050，航天飞机 590.2060，航天器结构与设计其他学科 590.2099；飞行器制造技术 590.45，航空器制造工艺 590.4510，航天器制造工艺 590.4520，飞行器制造技术其他学科 590.4599 |
| 620 | 安全科学技术 | 安全工程技术科学 620.30，安全设备工程 620.3030，安全机械工程 620.3035 |

## ▶▶机械家族的传承，共性制造

在机器设计、制造以及工业生产的过程中存在很多共性的问题，例如机械原理、通用零部件设计、零件制造加工、机电系统设计、测量与控制等，这些共性问题的基础知识主要涉及三个专业：机械工程、机械设计制造及其自动化、机械电子工程。

## ➡➡专业历史溯源

### ✣✣机械工程

机械工程专业的产生是社会、经济、科技、产业等共同发展的结果。14—15世纪，资本主义生产方式的萌芽开始出现，人类的意识形态产生了巨大的变革。随着文艺复兴运动的发展，科学研究取得显著进步。在机械领域，达·芬奇、伽利略、欧拉等科学家开始了一些零散的理论研究。1687年，牛顿建立了经典力学，为机械工程学科的产生与发展奠定了力学理论基础。两次产业革命的爆发使机械与工业成为社会变革的主角，机械设计制造的研究活动大量开展，大批量机器生产模式开始出现。在这种背景下，机械工程学科快速发展，机械设计学、液压传动学、机械强度学、机械动力学、机械制造工艺学等学科分支逐渐形成。

从20世纪40年代开始，第三次产业革命在全球兴起，计算机技术、原子能技术、航空航天技术、生物技术等新技术迅速发展并取得广泛应用。随着相关基础学科的进步，多种新理论与新技术融入了机械工程学科，极大地丰富了学科内容并提升了学科水平，更在学科边缘发展出了多个新的学科分支。现代的机械工程学科经历了令人眼花缭乱的演变与发展，IC制造装备、核电装备、火星探测器、柔性制造系统、血管介入机器人等已经超出了单纯机械的概念，机械工程学科已成为一个涉及多学科领域的、内容丰富的完整体系。

机械工程的高等教育诞生于法国，在法国大革命期间的1794年，世界上第一所工程教育机构——巴黎综合理工学院成立，校长蒙日决定开设机械类课程。第一次产业革命之后，世界上许多国家开始建立机械工程高等教育专业。在我国，机械工程也是较早开设的高等教育专业，其早期大多结合各个高校的学科特色设置专业。2012年，由机械工程及自动化和工程机械合并构成现在的机械工程专业。

### 机械设计制造及其自动化

机械设计学科中最早诞生的分支学科是机构学，它主要完成机器的运动原理设计。19世纪20—30年代，由一批数学家组成的法国理论运动学派开始了机构学的研究工作，提出了瞬心线、运动轨迹等问题。这些机构学理论的研究在当时归属于应用数学领域。1834年，在物理学家安培的大力倡导下，机构学被法国科学院承认为一个独立的学科。机构设计可以得到机器的运动构型，即机器的“骨骼”，但还需要对机器零件进行详细的设计。19世纪初期，基本的机械零件强度计算已经出现，它属于应用力学的研究成果。随着机器的大量使用，机械零件设计所涉及的问题越来越多，不仅涉及强度和刚度，还涉及摩擦、疲劳、结构、制造和标准化。以1861年罗莱的著作《设计者》出版为标志，机械零件设计学从应用力学中独立出来。机构学与机械零件设计学逐渐发展为早期的机械设计学科。

机械制造是将设计结果转化为实体产品的过程，包括零件与机器。在机械制造学科出现之前，机械制造的知识以经验、窍门、操作技艺的形式存在于机械加工车间，通过师徒传承的方式延续。苏联机械制造专家索科罗夫斯基在1932—1935年出版了五册《机器制造工艺学论文集》，收集了许多机械制造方面的资料。随后，他在1938—1939年出版了两卷本的理论著作《机器制造工艺学基础》，并于1947年出版了《机器制造工艺学教程》，被苏联高等教育部审定为高等学校的教科书。在西欧和美国，机械制造工艺的知识走出车间、上升为理论、走进高等教育的历程和苏联大体相近。机械制造工艺学从经验性知识提升为一个理论与实践相结合的机械类分支学科。

在我国，机械设计制造及其自动化专业于1989年正式出现在《普通高等学校本科专业目录》中。当前，信息技术、人工智能、大数据技术、空间技术等正在与机械设计制造及其自动化学科发生深度交融，这些技术将为本专业的发展带来巨大机遇。

**❖❖机械电子工程**

机械电子的英文名词为“Mechatronics”，由“Mechanics（机械学）”的前五个字母和“Electronics（电子学）”的后七个字母组合而成。20世纪70年代，日本将发展迅速的微处理技术、集成电路及传感器技术与精密工程相结合，开发了一系列融机械、微电子、计算机、控制技术等为一体的新型机械，并形成了一个新的专业名词“机电一体化”。此后近20

年，日本推出的机电一体化产品逐步占领了国际市场，给日本带来了巨大的经济效益。随着机电一体化产业的发展，20世纪80年代初，日本机械学会编辑出版了“机械电子学”丛书，东京大学精密机械专业提出将机械电子工程作为一门新兴的应用学科，东京大学和东京工学院等相继设立机械电子工程的本科至博士专业。

1985年，美国自然科学基金委员会投资兴建了6个国家工程实验室，其中包含了在加利福尼亚大学圣芭芭拉分校建立的机器人系统微电子学中心。英国兰卡斯特大学、剑桥大学于20世纪70年代后期在大学高年级设置了“电气-机械接口”选修课，并于1985年开设了“机械电子工程”硕士学位课。德国波鸿应用科学大学于1993年把“机械电子”作为一个专业独立出来。

我国高校的机械电子工程专业大多是由机械设计制造专业发展而来的。1989年，国家教育委员会将“机械电子工程专业”列为试办专业，1993年将其列为正式专业。随着制造业、电子工业、微电子技术和计算机科学等的迅猛发展，机械电子系统的应用领域越来越广，其学科的集成度也越来越高。

### ➡➡专业的发展现状与趋势

一方面，机械工程、机械设计制造及其自动化、机械电子工程三个专业面向通用的制造业，应用面广泛，相关应用领域的需求与发展促使各个专业的理论、方法与技术不断完

善；另一方面，信息科学、生命科学、材料科学、空间科学等方面的新技术与新需求也为上述专业提出了新的问题。上述专业的交叉融合较多，发展现状具有共性，主要表现在以下方面：

### ✣✣面向高端装备的设计制造技术

相对于一般机械产品而言，高端装备的技术性能需求相对严苛，如高档数控机床需要在满足复杂加工功能的同时具有高速度与高精度，航空航天装备需要在极限环境下满足高可靠性要求，大型能源装备需要在数十年的工作期间保持高效率和高稳定性，IC 制造装备需要实现纳米级的精确制造。这些技术性能需求对机械设计制造技术提出了严峻的挑战，需要从设计理论方法、制造工艺装备、检测调控手段等多方面取得突破。

### ✣✣面向新材料的设计制造技术

材料科学是先导性科学，在机械领域，新材料的使用能够使机械产品的技术性能产生质的飞跃。在航空航天装备中，采用轻质合金代替传统钢材可以在减轻零件重量的同时增加结构的刚度，碳纤维复合材料的使用又使得零件的综合性能大大超越了轻质合金。然而，新材料的使用既需要新的设计计算方法来保证零件的综合技术性能，又需要新的工艺与设备来确保加工零件达到设计参数要求。以碳纤维增强复合材料为例，其加工过程比传统材料复杂得多，需要从刀具、工艺、机床等多方面突破以达到加工要求。随着材料科学和应用技术的发展，更多新材料的使用必将产生大量的机械设计制造问题。

### ✣✣面向信息化的设计制造技术

信息化是当前社会发展的主流趋势。制造业信息化将信息技术、自动化技术、现代管理技术与制造技术相结合，可以改善制造企业的经营、管理、产品开发和生产等各个环节，提高生产效率、产品质量和创新能力。同时，信息化将带动产品设计方法和工具的创新、企业管理模式的创新、制造技术的创新以及企业间协作关系的创新，从而实现产品设计制造和企业管理的信息化、生产过程控制的智能化、制造装备的数控化以及咨询服务的网络化。目前，我国的信息化水平还不能完全支撑制造业的发展，相关的软件平台、信息化工具、数字化设计制造理论与方法、数字化制造装备、工业互联环境等均有待进一步提高。

### ✣✣面向复杂微机电系统的设计与制造技术

芯片是微机电系统的典型代表，也是衡量微机电系统设计水平与制造能力的标志。我国在芯片设计与制造技术上落后于该领域的一些发达国家，不利于国家安全和经济发展。一方面，我国在芯片制造材料（电子级高纯硅）、晶圆制造工艺装备、光刻机等方面发展均相对滞后，自主生产能力缺失或严重不足；另一方面，我国在高端芯片的设计技术方面也落后于一些发达国家，芯片架构等几乎没有自主知识产权。以中芯国际二代 FinFET $N+1$ 芯片（图 38）为例，其采用 12 纳米芯片工艺，但与国际先进的 7 纳米芯片工艺尚存在差距，光刻机（图 39）等芯片制造的核心装备也基本依靠进口。这些都是我国在机械电子技术方面急需突破的问题。

图38　中芯国际二代FinFET $N+1$ 芯片

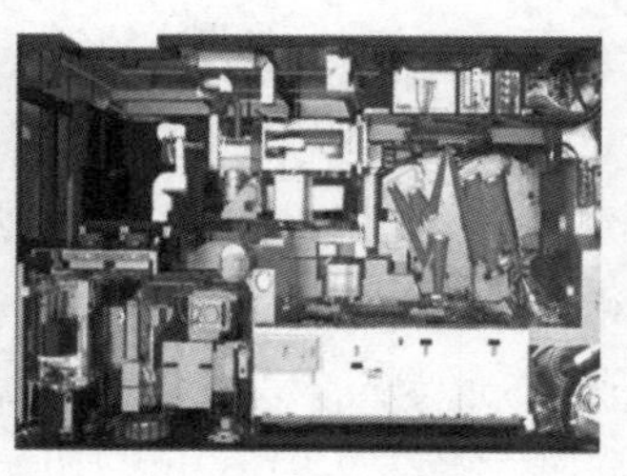

图39　光刻机

### ✥✥高可靠性的机电一体化装备

机电装备往往需要在恶劣环境中工作，例如，机载雷达（图40）、航天器装备中的机电系统、登月车（图41）等的工作环境存在极限高低温、潮湿、振动、冲击、辐射等恶劣工况。在这种环境中保证机电系统能够稳定可靠地工作，需要从机电装备的设计理论、制造技术、装配技术、试验技术等多方面开展工作，涉及机械、电子、化学、物理、环境等多门学科的知识。目前，我国很多高端装备中的机电系统都还依靠进口，这为上述专业带来了很多值得研究的问题。

图40　机载雷达

图41　登月车

### ✣✣机械制造产业转型与发展

一方面，机械制造产业正在从劳动密集型产业向技术密集型产业转化，大量的自动化装备应用于工业生产，机械制造产业的自动化程度在不断提高，在某些领域已实现无人化制造。另一方面，个性化的产品需求催生出大量柔性制造系统与生产模式，新的制造模式必定带来产业的变革。未来智能化、模块化、绿色化将成为机械制造产业的发展趋势。

## ➡➡学科理论体系

### ✣✣机械工程

机械工程是以相关自然科学和工程技术为理论基础，结合生产实践中的技术经验，研究和解决在开发、设计、制造、安装、应用以及维护各种机械中的全部理论和实际问题的应用学科。机械工程专业以机械设计原理与方法、机械制造工程原理与技术、工程测试与控制技术、管理科学基础等为主线，机械工程专业知识体系如图 42 所示。此外，核心专业类课程包括工程力学、机械设计基础、工程热力学、现代控制理论、材料加工工艺与设备、测试技术、计算机、经营与管理、电工与电子技术等。

机械工程是机械大类专业中的一级学科，注重机械大局观的培养，学科内容涉及机械设计、制造、生产、管理以及以机械为基础的工业领域。机械工程专业旨在培养掌握机械设计与制造、生产管理、设备维护、质量控制等基本理论和专业知识，且具有较强的专业实践和创新能力，能从事产品开

发与制造、质量检测、设备管理与维护、运行管理、技术推广与营销等工作的专业人才。

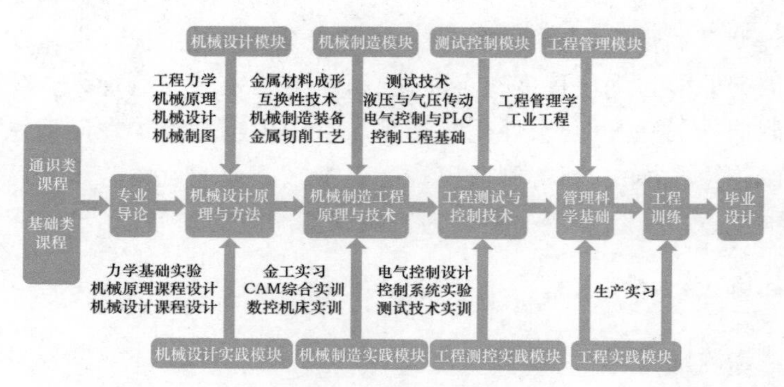

图 42　机械工程专业知识体系

### ✣✣机械设计制造及其自动化

机械设计制造及其自动化专业以机械设计、机械制造基础、自动化技术等为主线，突出理论教学与实践教学结合，机械设计制造及其自动化专业知识体系如图 43 所示。此外，核心专业类课程包括机械设计原理与方法、机械制造工程原理与技术、机械系统中的传动与控制、计算机应用技术等。

机械设计制造及其自动化专业的核心技术主要包括“设计”“制造”“自动化”三个方面。“设计”主要学习机械设计的理论与方法，通过寻找适用的原理（物理、化学原理）设计具体的机器以满足功能需求；“制造”主要学习机械制造的工艺与技术，利用不同的制造装备将设计的机器（或零件）制造出来；“自动化”主要学习机械系统的测试与控制技术，通过液压、电气、信息等手段实现机械系统的自动化。

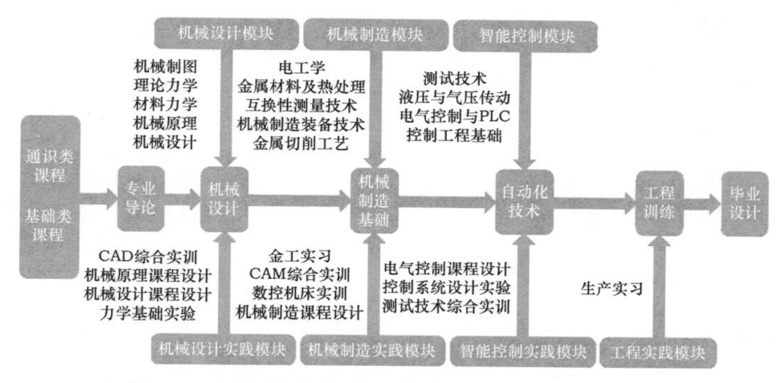


图43　机械设计制造及其自动化专业知识体系

## ✣✣机械电子工程

机械电子工程专业以机械工程、电工电子、测试控制等学科的基础知识为主线，突出理论教学与实践教学结合，机械电子工程专业知识体系如图44所示。此外，核心专业类课程包括机械设计基础、机械制造基础、微电子技术、控制理论与技术、传感与检测技术、机电系统设计等。

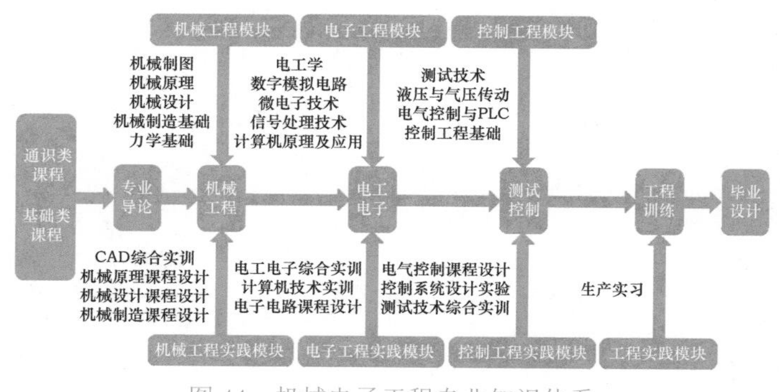


图44　机械电子工程专业知识体系

机械电子工程专业隶属于机械大类，应用领域主要是机电相关的产业。本专业的核心技术主要包括机械技术、电子技术、自动控制技术、检测传感技术、信息处理技术和系统总体技术等。我国的机械电子工程专业成立的时间不长，各个学校根据其特色开设了不同的课程，如微机电系统、智能装备、精密测量仪器等特色专业课程。

### ➡➡专业能力与主干课程

机械工程、机械设计制造及其自动化、机械电子工程三个专业的培养要求大同小异。通过专业的学习，毕业生将具有以下业务能力：

具有数学、自然科学和机械工程/机械设计制造及其自动化/机械电子工程科学知识的应用能力；具有制订实验方案，进行实验、分析和解释数据的能力；具有设计机械系统、部件和过程的能力；具有对机械工程/机械设计制造及其自动化/机械电子工程问题进行系统表达、建立模型、分析求解和论证的能力；具有在机械工程/机械设计制造及其自动化/机械电子工程实践中选择、运用相应技术、资源、现代工程工具和信息技术工具的能力；具有在多学科团队中发挥作用的能力和人际交流能力；能够理解和评价机械工程、机械设计制造及其自动化以及机械电子工程实践对世界和社会的影响，具有可持续发展的意识；具有终身学习的意识和适应发展的能力。

机械工程、机械设计制造及其自动化、机械电子工程三个专业的主干课程大体相同，部分专业课程各有侧重，主要课程包括工程力学（机械工程侧重）、机械原理、机械设计、机械工程制图、机械制造技术基础、机械工程材料及成形技术基础、互换性与测量技术基础、机电系统控制基础、电工与电子技术（机械电子工程侧重）、液压与气动技术、单片机原理与接口技术（机械电子工程侧重）、机电一体化设计（机械电子工程侧重）。

## ▶▶机械家族的原材料制造，材料成型及控制工程

### ➡➡专业历史溯源

所谓材料成型，就是根据所需材料性能和结构的要求，对材料进行提纯净化、原料（成分）配制和合成的过程，并进一步加工成具有一定形状与功能的零件与制品。材料成型与控制工程是机械类专业的一个分支，为机械家族的发展提供原材料的加工与制备。金属材料常规的成型技术主要包括材料制造技术、塑性加工技术和材料连接技术等。

#### 材料制造技术

金属材料的制造和使用是人类文明的重大进步。铸造是人类最早掌握的金属制造技术，距今已有 6 000 年的历史。我国的青铜冶炼始于夏朝（约公元前 2070－前 1600 年），当时人们所使用的劳动工具、武器、食具、货币、日用品和车马装饰等都是用青铜制造的，因此青铜的熔炼和铸造技术发展很快。公元前 1700－前 1000 年是青铜铸件的全盛时

期，这个时期的铸件大多是农业生产、宗教和生活等方面的工具或用具，艺术色彩浓厚。

18 世纪，世界进入产业革命时代，钢铁工业作为第一次产业革命的重要产业内容的同时也为产业革命提供了必要的物质基础。1785 年，瓦特蒸汽机投入使用，为钢铁生产提供了强大的动力，推动了机器在钢铁材料成型过程中的普及和发展。在蒸汽机、焦炭、铁和钢的推动下，产业革命技术如轮船、铁路等加速发展，交通的便利又促进了钢铁业的发展。

### ❖❖塑性加工技术

在石器时代，人类在寻找石料的过程中发现了天然铜，但它质地较软，不适合制作武器和器具。很快人类的祖先发现经过加热锻打，铜质材料容易制成各类器具，并且强度和硬度均大幅增加。因此，塑性加工是人类最早使用的金属热加工方式。

塑性加工是使金属在外力(通常是压力)的作用下，产生塑性变形，获得所需形状、尺寸和组织、性能的制品的一种基本金属加工技术，以往常称压力加工。塑性加工种类很多，根据加工时工件的受力和变形方式分，基本的塑性加工方法有锻造、轧制、挤压、拉拔、拉伸、弯曲和剪切等几类。金属塑性加工技术在冶金史上出现很早，已发现的天然金的制品最早出现于公元前 5000 年，由陨铁制作的铁器最早出现于公元前 4000 年。中国发现最早的陨铁文物是在河北藁城出土的商代中期(约公元前 13 世纪中叶)的铁刃铜钺。中国古代冶金技术比欧洲先进，但偏重于铸造技术而忽视金属塑性加工，没有发展轧制生产。明代宋应星的《天工开物》中描述的锻制千钧锚和抽丝的生产过程也有相当规模，但长期停留在手工阶段。经过产业革命，欧洲冶金业迅速走向现代化，金属塑性加工也相应地转向近代大工业生产。

### ❖❖材料连接技术

金属材料连接技术同样可以追溯到数千年前，古巴比伦两河文明就出现了软钎焊技术。公元前 340 年，在制造重达 5.4 吨的古印度德里铁柱时，人们就采用了焊接技术。

中世纪的铁匠通过锻打红热状态的金属使其连接，该工艺被称为锻焊，维纳重·比林格塞奥于 1540 年出版的《火焰学》中记述了锻焊技术。欧洲文艺复兴时期的工匠已经很好地掌握了锻焊技术，锻焊技术也在不断改进。到 19 世纪时，焊接技术的发展已突飞猛进，其风貌大为改观。1800 年，汉弗里·戴维爵士发现了电弧，之后俄国科学家尼库莱·斯拉夫耶诺夫与美国科学家 C.L.哥芬发明的金属电极推动了电弧焊工艺的成型。

现代金属材料连接技术出现在 19 世纪末，首先出现了弧焊和氧燃气焊，稍后出现了电阻焊。随着电极表面金属敷盖技术的持续改进(助焊剂的发展)，新型电极可以提供更加稳定的电弧，并能够有效地隔离基底金属与杂质，使电弧焊成为使用最广泛的工业焊接技术。两次世界大战使现代工业对金属焊接技术的需求激增，自动焊、交流电和活性剂的引入大大促进了弧焊的发展。先后出现了几种现代焊接技术，包括目前流行的手工电弧焊以及诸如熔化极气体保护电

弧焊、埋弧焊（潜弧焊）、药芯焊丝电弧焊和电渣焊这样的自动或半自动焊接技术。当代社会，焊接机器人在工业生产中得到了广泛的应用。

## ➡➡专业的发展现状与趋势

金属材料几乎遍及国计民生的所有领域，如航空航天、交通运输、建筑、冶金、国防军工、船舶和家电等。材料成型技术关系着国民经济建设、社会进步和国家安全，是国家制造业水平的重要标志之一。随着社会的进步，传统工程材料、复合材料、生物材料和能源材料等领域对材料成型技术提出了新的需求和新的问题，新型材料成型技术已不再是传统的铸、锻、焊，而是在各个领域都有新的突破，具体表现在以下几个方面：

### ✣✣传统结构材料的先进制备技术

现代工业自动化、能源动力及交通运输等行业的快速发展使结构材料的力学、物理及化学的性能需求更为苛刻。如大型高精度结构件的结构复杂、尺寸较大且需要较高的成分均匀性，精密航空航天结构件需要高精度、高效率的制备工艺来保持其成分、组织及性能稳定性。这些制备及性能需求对结构材料的制备工艺提出了极高的要求，需要从增材制造技术、智能高效连续化制备等方面取得突破。

### ✣✣面向航空材料的先进制备技术

在研制、生产航空产品的过程中，航空材料是其重要的物质保障，也是使航空产品满足极端条件下服役性能、使用寿命与可靠性的技术基础。航空材料的服役环境往往较为恶劣,存在高低温、冲击、辐射等极端环境。复合材料因同时具有基体与增强相的优异性能而在航空材料中的比例日益提高,占机身材料总量的50%以上。民用客机复合材料的使用情况如图45所示。在高性能复合材料制备的过程中,大规模、高效率连续制备是关键的技术问题,基体/增强相界面的有效调控是研究的热点问题。

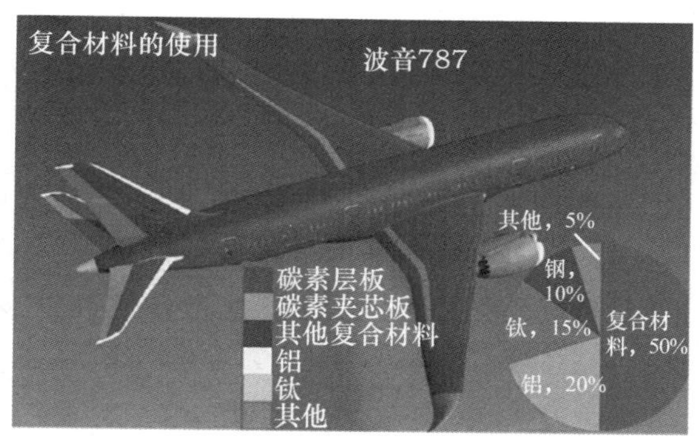


图45 民用客机复合材料的使用情况

### 生物材料

生物材料是一类以医疗为目的,用于人体与活体组织直接接触的无生命材料,是当代科学技术中涉及学科非常广泛的多学科交叉领域,是现代医学两大支柱——生物技术和生物医学工程的重要基础。生物材料与人的健康和生命息息相关,其制备技术的特点显著:设计功能化、装备智能化、产品精细化、应用生态化。生物材料的结构设计、复杂结构件的3D打印技术、人体对金属材料的排斥反应、药物靶向的载体材料等都是该领域的亟待解决的问题。3D 打印人体骨骼如图 46 所示，人体骨骼的钛合金植入假体如图 47 所示。

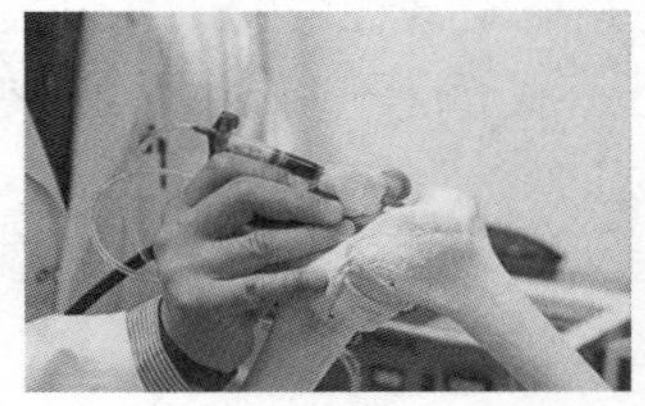
图 46　3D 打印人体骨骼

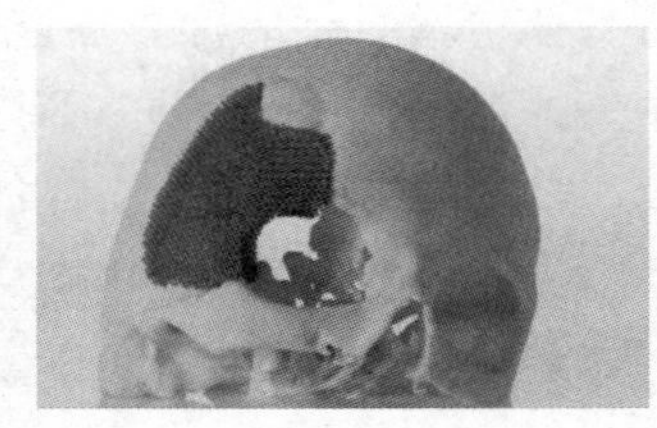
图 47　人体骨骼的钛合金植入假体

### 能源材料

作为战略性新兴产业的重要组成部分，新型能源材料产业的发展关系到国民经济、社会发展和国家安全，经过多年的发展，我国新能源材料产业取得了显著效果，技术水平日益提高，产业规模不断扩大，为我国锂离子电池材料(如图 48 所示为石墨烯锂离子电池)、燃料电池材料等高技术产业突破技术壁垒，实现快速发展提供了坚强的支撑。

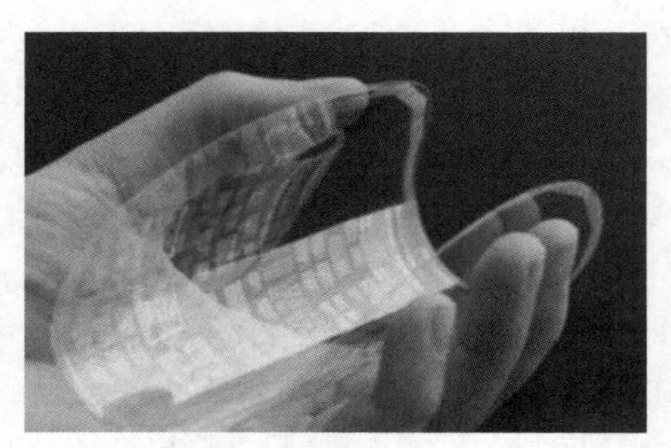
图 48　石墨烯锂离子电池

## ✣✣面向电子材料的先进制备技术

在信息全球化的今天，信息网络技术、通信技术、人工智能系统等高技术产业的发展，推动了高功能化、超高性能化、精细化和智能化电子材料的研究、高效率制备以及广泛应用。其中，作为半导体硅器件的制造原料，大尺寸单晶硅的制备工艺复杂且能耗较高，电子封装材料对高密度、多功能性及无铅化发展都提出了更高的要求。单晶硅等重要电子材料及原材料的制备效率的提升及能耗的降低、高性能与绿色电子封装材料的高效制备等问题均是未来科研的重点。

## ➡➡学科理论体系

材料成型及控制工程是机械工程与材料科学与工程的交叉学科，其研究材料制造、塑性成型及热加工改变材料的微观结构、宏观性能和表面形状过程中的相关工艺因素对材料的影响，研究成型工艺开发、成型设备、工艺优化的理论和方法；研究成型设计理论及方法，研究金属材料制造中的材料、热处理、加工方法等问题。本专业的本科生培养主要分为制造技术、塑性加工和金属连接三个方向，有些高校还包含粉末冶金、非金属材料成型（高分子、无机非金属材料）等。

材料成型与控制工程专业以材料科学基础、材料成型原理与测试技术、成型技术与实践（含材料制备模块、塑性加工模块、材料连接模块）为主线，专业知识体系如图 49 所示。此外，核心专业类课程包括材料科学基础和材料成型原理与测试技术两大类，前者包含材料科学基础、固态相变原理、机

械设计基础、工程制图、工程材料和材料力学性能等，后者包含材料成型过程检测及控制、材料分析方法、材料加工冶金传输原理、材料成型过程数值模拟等。

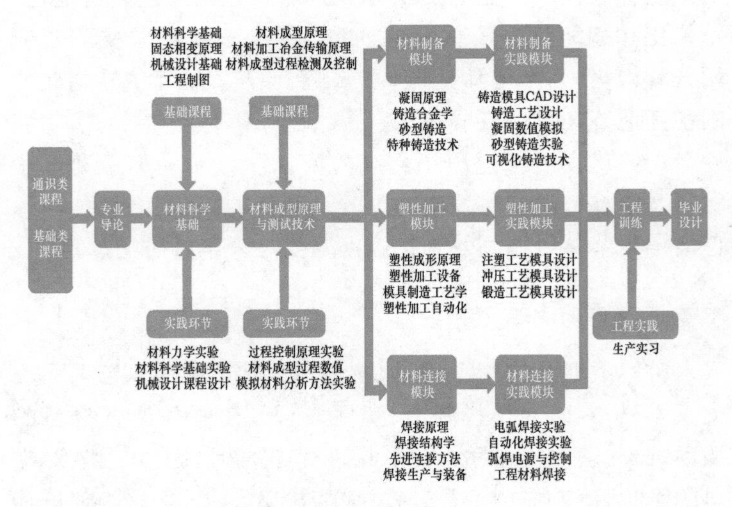


图 49　材料成型与控制工程专业知识体系

## ➡➡专业能力与主干课程

材料成型及控制工程专业培养具有人文社会科学素养，具备国际视野和创新精神，具备材料成型及控制工程、机械、自动化、计算机理论基础和应用能力，掌握现代材料加工技术、材料成型过程及计算机控制、数值模拟及相关软件的设计开发的基本技能，具备从事产品研发、技术革新、工程科学研究和组织管理的能力的人才。能够在材料成型过程自动控制、成型工艺过程设计及先进材料工程领域内使用现代工具进行科学研究、技术开发、设计制造、生产组织管理，具有创新意识、国际视野、沟通能力和解决复杂工程问题的能力。

基础类课程涉及微积分、线性代数、微分方程、概率与数理统计、力学、热学、电磁学、光学和近代物理学等。

学科基础专业课包括材料科学基础、固态相变原理、材料热力学与动力学、工程制图、机械设计基础、工程材料、材料力学性能、材料分析方法、材料加工冶金传输原理、材料成型过程数值模拟、材料成型过程检测及控制等。

材料制造技术专业课包括凝固原理、铸造合金学、砂型铸造、特种铸造技术、铸造模具CAD设计、铸造工艺设计、液态成型模具设计、凝固数值模拟、金属基复合材料制备技术、快速成型技术、净形成型新技术、半固态成型技术和可视化铸造技术等。

塑性加工技术专业课包括塑性成形原理、塑性成形设备、模具制造工艺学、塑性加工自动化、板料柔性成形技术、注塑工艺及模具设计、冲压工艺及模具设计、锻造工艺及模具设计、模具材料及性能、有色合金塑性加工、精密塑性成型技术和材料超塑性成形等。

材料连接技术专业课包括焊接原理、焊接结构学、先进连接方法、焊接生产与装备、弧焊电源与控制、工程材料焊接、压力焊与钎焊方法、微连接与封接、弧焊方法及设备、焊接数值计算方法、焊接过程自动化、焊接质量检验、激光加工技术和金属焊接性等。

## ▶▶机械家族的化工装备制造，过程装备与控制工程

### ➡➡专业历史溯源

化学工业的发展走过了几千年的历史，在化学工业诞生和发展的同时，也诞生和发展了一个与之相伴、密不可分的专业和技术——化工机械（过程装备与控制工程专业的前身）。化工机械是一个重要的领域，它涉及的范围十分广泛。在科技发展、技术进步、学科交融的新形势下，化工机械从单一的化学工业，扩展到所有的流程性工业，不仅包括石油化工、合成纤维和精细化工等，还延伸到食品、轻工、制药、冶金、材料、能源和环保等相关领域。化工机械虽源于化学工业，但其发展与应用则远远超出了传统化工所定义的领域。化工机械拓宽为过程机械、过程准备和过程控制，为化工机械这一古老学科增添了新的生命。

我国的化工机械专业于 1951 年诞生在大连大学工学院（现大连理工大学）。20 世纪 90 年代，我国经历了中华人民共和国成立以来最大规模的专业调整。教育部采纳了化工部化工机械教学指导委员会的意见，把“化工机械”专业更名为“过程装备与控制工程”专业。这样就在新中国历史上最大规模的专业调整中，保留了化工机械专业的地位，并把它拓宽为“过程装备与控制工程”，为化工机械专业开辟了更加美好的前程。化工机械专业为我国的化工、石化和相关流程工业的发展壮大建立了不可磨灭的功绩，国家未来的发展需

要更多过程装备与控制工程方面的高级人才。

本专业创办70年来，为我国重大技术装备制造业培养了大批知名学者和高级工程专业人才，在国内特种装备行业和过程工业中具有很高的声誉和较高的知名度，以及鲜明的专业特色和行业特色。

### ➡➡专业的发展现状与趋势

在我国，化工机械技术支持了航空航天技术以及新能源技术（核技术、太阳能技术和氢能技术等）的发展，它影响着国民经济建设中诸多工业领域的快速发展，如化工、电力、冶金和制药等。中国的化工机械制造业随着过程工业的不断发展而逐步成长壮大，一批能够代表当前世界水平的大型生产装备已经基本可以立足于国内制造，这些科技成果在多方面支持了中国社会主义的经济建设，也促进了化工机械的学科建设，高水平科学研究充实了学科的内涵，同时也拓展了学科的外延，并使高水平的人才脱颖而出。21世纪，对化工过程机械的设计、制造与运行提出了越来越高的要求，过程设备科学正面临着知识、经济、信息、环境和资源的严峻挑战。

#### ✣✣面向先进制造的化工机械

知识经济时代的来临给化工机械制造业提出了严峻的挑战，也带来了新的机遇。目前发达国家的过程设备制造商对先进制造技术表现出了极大的热情，普遍采用计算机辅助设计软件提高设计效率。此外，还特别重视创新速度的提

高、个性化的设计方法和电子商务等。但是，工程应用软件方面一直是我国的“软肋”，具有自主知识产权的工程应用软件还有待进一步加强。

#### ✣✣面向新材料技术的化工机械

材料科学的进展与过程机械的结合将有力地支撑许多高技术过程的实现，如高温裂解、超临界萃取、先进发电工艺和生物质能等都和新的结构材料的开发密切相关，而化工过程装备的控制又有赖于新的功能材料的开发。

#### ✣✣面向再制造工程的化工机械

为解决能源短缺、环境污染等问题，再制造工程应运而生。绿色再制造工程通过对服役产品的科学评估和再设计，运用先进表面技术、复合表面技术等多种高新技术、产品化生产方式、严格的产品质量管理和市场管理模式，使废旧产品得以高质量地再生，并最大限度地延长寿命。

#### ✣✣面向高技术过程的化工机械

化工机械技术从根本上说是过程放大技术，因此高技术过程工艺工业化的实现离不开化工机械技术的支持。在先进的能源与环保技术及装备、纳米材料制备技术及装备、超临界流体技术及装备、微小型化工机械和过程强化技术及装备等方面都取得了巨大的进展，并形成了很多新的产业。

### ➡➡学科理论体系

过程装备与控制工程专业的知识载体是“一体两翼、内伸外延”，即以“过程装备”为主体，以“化工过程”及“过程控制”为两翼，把“单元设备”内伸至设备内的“过程”，是“基于过程的设备”，把“单元设备”外延至“设备系统”，是带有过程控制的成套装备。本专业的知识体系如图 50 所示。

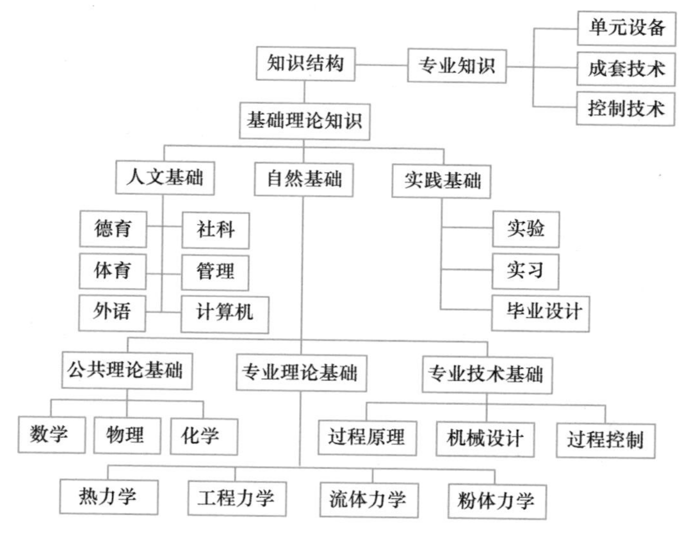


图 50　过程装备与控制工程专业的知识体系

过程装备与控制工程专业的核心技术主要包括“化”“机”“控制”三方面。“化”主要是学习化学、化工原理等。“机”主要是学习压力容器、化工设备、过程装备设计及制造，有些学校会补充断裂力学、有限元分析等课程。“控制”主要是学习自动控制及仪表。

## ➡➡专业能力与主干课程

过程装备与控制工程专业是为了适应现代流程性工业

发展而设置的学科交叉性专业，旨在培养具备机械工程、控制技术、化学工程等知识的高级工程技术人才，能够在流程性工业中从事装备设计、技术研发、生产制造和经营管理等工作。毕业生将具备以下业务能力：

能够将数学、自然科学、工程基础和过程装备与控制工程专业知识应用于解决现代过程工业领域装备与控制的复杂工程问题；能够应用数学、自然科学和工程科学的基本原理，识别、表达并通过文献研究分析过程装备与控制工程领域复杂工程问题，以获得有效结论；能够设计针对过程装备与控制工程领域复杂工程问题的解决方案，设计满足特定需求的过程装置、单元设备与零部件及其相关工艺，并能够在设计环节体现创新意识，考虑社会、健康、安全、法律、文化以及环境等因素；能够基于科学原理并采用科学方法对过程装备与控制工程领域复杂工程问题进行研究，包括设计实验，分析与解释数据，并通过信息综合得到合理有效的结论；能够针对过程装备与控制工程领域复杂工程问题，开发、选择与使用恰当的技术、资源、现代工具和信息技术工具，包括对复杂工程问题的模拟与预测，并能够理解它们的局限性；能够基于工程相关背景知识进行合理分析，评价过程装备与控制工程专业工程实践和复杂工程问题解决方案对社会、健康、安全、法律以及文化的影响，并理解应承担的责任；能够理解和评价针对复杂的过程装备与控制工程领域的工程实践对环境、社会可持续发展的影响；具有人文社会科学素养、社会责任感，能够在过程装备与控制工程领域的工程实践中理解并遵守工程职业道德和规范，履行责任；能够就复杂的过程装备与控制工程领域的工程问题与业界同行及社会公众进行有效沟通和交流，包括撰写报告和设计文稿，陈述发言，清晰表达或回应指令；具备一定的国际视野，能够在跨文化背景下进行沟通和交流。

为具备以上素质，过程装备与控制工程专业的学生需要学习人文社会科学类、数学与自然科学类、工程基础类、专业基础类、专业类和实践环节和毕业设计（论文）等课程。专业核心课程包括：工程图学、力学（材料力学、理论力学等）、热流体（流体力学、热力学或传热学等）、电工电子学、材料科学基础、机械设计及制造基础、过程（化工）原理、过程设备设计、过程流体机械和过程装备控制技术与应用等。

## ▶▶机械家族中最大规模的工程实践，车辆工程和汽车服务工程

### ➡➡专业历史溯源

一般认为，汽车包含轿车、SUV越野车、公交车、面包车和卡车等。实际上，汽车包含的车型会更广泛一些，《汽车和挂车类型的术语和定义》（GB/T 3730.1—2001）中对汽车的定义：由动力驱动，具有四个或四个以上车轮的非轨道承载的车辆，主要用于：载运人员和/或货物；牵引载运人员和/或货物的车辆；特殊用途。当今社会，汽车和其他车种一起构成了我们生活中不可或缺的一部分。

18世纪中期，人们曾经尝试利用蒸汽机驱动汽车，但没有获得成功，否则当时的公路上肯定挤满了“移动的大水壶”。真正汽车的诞生要推迟到1886年，德国人卡尔·本茨发明了世界上第一辆三轮内燃机汽车。同年，德国工程师哥特利布·戴姆勒将一台单缸四冲程内燃机安装在他为妻子43岁生日而购买的马车上，也创造了世界上第一辆四轮内燃机汽车。从那之后的很长一段时间，汽车都是少数人能够享用的奢侈品。到1913年，亨利·福特率先采用流水生产线对汽车进行大批量生产，才使得汽车成本降低，进而走进了千家万户，亨利·福特也因此被誉为“汽车大王”。“汽车大王”的大批量生产并没有立即带动我国汽车保有量的增加。为了发展民族汽车产业，我国于1953年集中资金在长春兴建了第一汽车制造厂，开启了我国汽车工业长达近70年的发展历程。

中华人民共和国成立初期25年：1953年至1978年，我国汽车工业在国家支持下，开始大规模兴建汽车制造厂，包括第一汽车制造厂、第二汽车制造厂、南京汽车制造厂、北京汽车制造厂等。然而，由于受到“计划经济”和“文化大革命”的影响，我国汽车工业在此时期的发展并不顺利，出现了“缺重少轻”等一系列问题。

改革开放后20多年：1978年，我国开始实行对内改革和对外开放的政策，逐步推动汽车企业参与市场竞争，调动了企业的积极性，也促成了我国汽车工业的快速发展。1998年，经部分高校申报，教育部批准在《普通高等学校本科专业目录》外设立车辆工程专业和汽车服务工程专业。

加入 WTO 后：自 2001 年加入 WTO，我国汽车工业进入了高速发展阶段，建立了以大集团为主的规模化产业新格局，一跃成为世界汽车工业的重要组成部分。与此同时，新能源、人工智能、物联网和现代服务等新技术和新理念开始应用于汽车，孕育了当今汽车工业的重大技术变革。

## ➡➡专业的发展现状及趋势

汽车工业从未像今天这样成为如此多技术变革的交汇点，涉及能源、交通、通信、计算机、智能算法和现代服务等诸多行业和学科，正经历着一场由电动化、智能化、网联化和现代服务等浪潮开启的百年未有之大变局，出现了如下一些主要的技术发展方向：

### ✣✣汽车轻量化

汽车轻量化就是在保证汽车的强度和安全性能的前提下，尽可能地降低汽车的质量，从而提高汽车的动力性，减少燃料消耗，降低排气污染。汽车轻量化技术发展的主要方向包括碳纤维等新材料的开发和利用，零部件的减重优化设计，以及整车系统的综合减重优化设计等。拓扑优化设计的轻质化汽车结构如图 51 所示。

图 51　拓扑优化设计的轻质化汽车结构

### ✤✤新能源汽车

以节能环保为导向，大力发展非常规车用燃料作为动力来源的新能源汽车，主要包括：混合动力电动汽车、纯电动汽车、燃料电池电动汽车、太阳能电池电动汽车（图 52）以及机械能（如超级电容器、飞轮、压缩空气）汽车等。新能源汽车的发展不但涉及新能源驱动装置本身的发展，而且涉及整车集成创新设计技术、新能源管理技术、汽车安全技术以及新能源补给服务等方面的发展。

图 52　太阳能电池电动汽车

### ✤✤汽车智能化

汽车智能化技术主要是汽车自动驾驶技术，简单地说就是在传统汽车上加装自动驾驶系统来不同程度地取代驾驶员进行驾驶。自动驾驶系统的智能化水平越高，越能取代驾驶员更多的操作。当自动驾驶系统的智能化水平与人类相当甚至更高时，就可以完全取代人类驾驶员。智能汽车融汇了汽车理论、人工智能、互联网、大数据和通信信息等诸多领域知识和技术。

### ✤✤汽车多功能化

多功能汽车是指汽车产品属性更加多元的，它集智能移动终端、轿车、旅行车、厢式货车于一体，甚至可以“上九天揽月，下五洋捉鳖”，车内设施和车身构型可以调整，并有多种组合方式。

### ✣✣现代汽车服务

现代汽车服务业融汇了机械工程、交通运输类、管理科学与工程类三个一级学科的理论与技术，特色是以汽车运用理论与技术为基础，为汽车制造商和消费者实现汽车商品价值的合理方式、保证汽车使用价值的合适方法和保护汽车消费权益的合法程序等提供服务。涉及的核心技术包括汽车产业链管理技术、车辆动力新技术、汽车传动及制动新技术、汽车安全新技术、汽车电子及网络技术、汽车电子控制技术、新能源汽车技术、车辆鉴定技术、车联网技术、二手车评估技术、汽车营销技术和沟通与交流技术等。到“工业 4.0”实现的时候，汽车工业将发生翻天覆地的变化，而汽车服务业的内容和模式也将随之改变。

## ➡➡学科理论体系

随着科学技术的发展，人们对汽车的要求也越来越高，涉及动力性、经济性、操控稳定性、安全性和舒适性等一系列指标的提升，导致汽车的结构也变得越来越复杂，配置越来越完整。然而，车辆工程专业汽车方向的知识体系仍可以按照上述方法进行分类，即数学知识、自然科学知识、专业基础知识、专业知识、人文社科知识和前沿进展知识，但每项知识包含的内容更多更完善。车辆工程专业汽车方向的知识体系如图 53 所示。

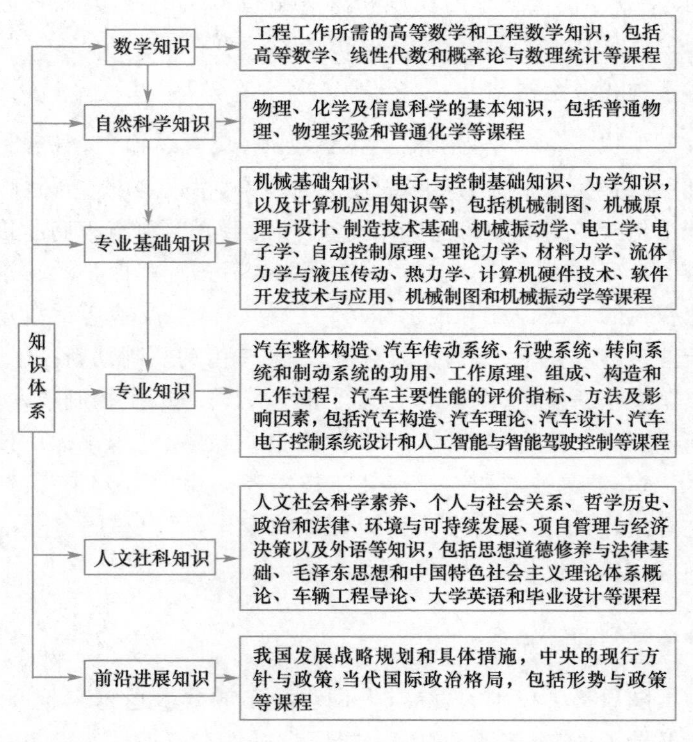


图 53　车辆工程专业汽车方向的知识体系

汽车服务工程专业融汇了机械工程、交通运输类、管理学科与工程类三个一级学科，涵盖了车辆工程、载运工具运用工程等二级学科，以及现代数学、力学、管理学、经济学及计算机科学与信息技术等学科。汽车服务工程专业的学科体系如图54所示。

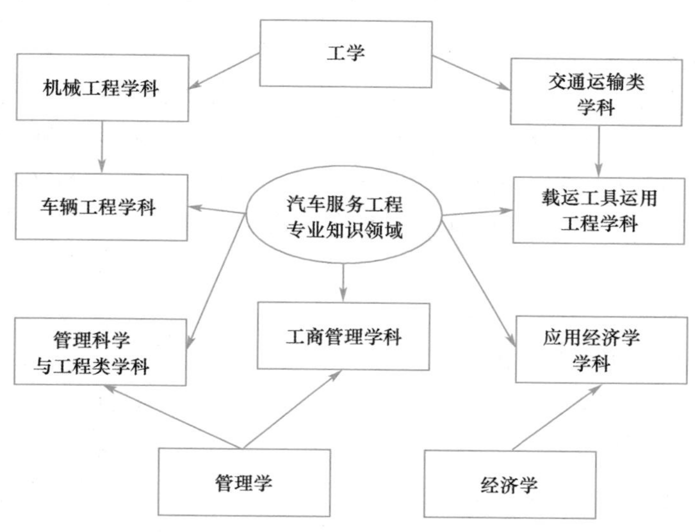


图54　汽车服务工程专业的学科体系

## ➡➡专业能力与主干课程

### ✣✣车辆工程(汽车方向)

车辆工程专业汽车方向立足于汽车领域多学科知识的集成运用与创新,培养"知识、能力、人格"合一,拥有高尚品德、家国情怀、人文修养与科学精神,扎实的自然科学与汽车工程专业基础,掌握汽车设计理论与方法,具有较强的工程实践与自主学习能力,具备良好的创新意识、职业操守与国际视野,能够胜任汽车工程领域产品研发、系统集成、设计制造及工程管理等工作的创新型高级工程技术人才。

车辆工程专业汽车方向的主干和核心课程有理论力学、材料力学、振动力学、汽车空气动力学、电工与电子技术、机械原理、机械设计、汽车构造、汽车理论、汽车设计、汽车制造工艺学、汽车试验学、整车开发与项目管理、车辆控制理论、新能源汽车结构与原理、新能源汽车动力电池技术、汽车动力学控制、汽车创新设计、汽车新技术、汽车轻量化、智能制造技术、汽车电子控制技术、汽车机器人技术、汽车车身艺术设计、算法导论、传感与检测技术、人工智能、无人驾驶车辆和智能汽车等。

### ❖❖汽车服务工程

汽车服务工程专业依托汽车产业新型生态圈，适应汽车产品与服务的智能化、绿色化和业态模式创新化要求，突出鲜明的学科交叉性、知识集成性和实践创新性特色，与车辆工程和能源与动力工程等专业相得益彰，共同为汽车全产业链提供人才和智力支撑。汽车服务工程专业培养具有现代机械、管理、能源、人工智能和大数据等多学科理论基础，掌握汽车工程服务技术及相关运作管理的研究与创新能力，能够胜任汽车商品企划、汽车技术支持和汽车产业链管理等智能服务领域工作要求的复合型高级人才。毕业生将具备以下业务能力：

能够将数学、自然科学的基础理论应用于表述和解决汽车服务工程领域的复杂工程问题；能够应用数学、自然科学、工程科学和专业基础的基本原理或理论，结合文献研究，识别、表达、分析汽车服务领域的复杂工程问题，以获得合理有效结论；能够针对汽车服务领域的复杂工程问题，设计与开发恰当的汽车服务系统、业务流程或活动方案，并能够体现创新意识和考虑社会、健康、安全、法律、文化及环境因素的影响；能够基于数学、自然科学、社会科学的基本原理和专业基础知识，采用科学方法对汽车服务系统、业务流程或活动方案等复杂问题进行研究，包括实验设计、实证研究、数据分析和信息整理，得到合理有效结论；能够针对汽车服务领域的复杂工程问题，开发、选择与使用恰当的技术、资源、现代工程工具和信息技术工具，包括对复杂工程问题的预测与模拟，并能够理解其局限性；基于汽车服务工程专业背景知识，能够分析与评价专业工程实践和问题解决方案对社会、健康、安全、法律以及文化的影响，并理解应承担的责任；针对汽车服务领域的复杂工程问题的专业工程实践，能够理解和评价其对环境、社会可持续发展的影响；能够就汽车服务工程领域复杂工程问题与业界同行及社会公众进行有效沟通和交流，包括撰写报告和设计文稿、陈述发言、清晰表达或回应指令，并具备一定的国际视野，能够在跨文化背景下进行沟通和交流。

汽车服务工程专业汽车方向的主干和核心课程有汽车构造、汽车理论、汽车控制原理、智能网联汽车电子技术、汽车服务系统规划、汽车营销与策划、汽车服务工程基础、汽车诊断实验、汽车工程材料、优化方法与数据挖掘、新能源汽车结构与原理、汽车感知技术、车联网技术基础、创业理论与创业管理、技术价值创新与商业模式。

## ▶▶机械家族的功能与形象设计，工业设计

### ➡➡专业历史溯源

我国工业设计教育是在经济发展与体制转型的历史背景下发展起来的，是从美术、工艺美术的模式过渡到具有现代设计教育特点的教育模式。1979 年，中国工业美术协会成立。1984 年，教育部将该专业改名为“工业造型设计”专业；1987 年，中国工业美术协会更名为中国工业设计协会，同年，《高等学校工科本科专业目录》将该专业改名为“工业设计”专业。20 世纪 80 年代，国内有少数高校相继筹办工业设计专业。自 2000 年开始，国内高校开始大规模建设工业设计专业。2021 年，我国具备工业设计本科学位授予权的高校已达 300 余所，中国已经成为全球规模最大的高等艺术设计教育大国之一。

为促进从“中国制造”向“中国创造”的转变，国家对工业设计的扶持政策力度不断加大。2010 年，国务院工业和信息化部等多部门发布了《关于促进工业设计发展的若干指导意见》(工信部联产业〔2010〕390 号)。2013 年，工信部确定了 26 家企业和 6 家工业设计公司的国家级工业设计中心。为推进文化创意和设计服务与相关产业融合发展，2014 年国务院颁布了《国务院关于促进文化创意和设计服务与相关产业融合发展的若干意见》(国发〔2014〕10 号)。

在技术驱动的时代，以用户体验为中心的软、硬件结合的工业设计智能化迅速发展。物联网涉及我们生活的方方面面，智能互联产品将个人、家庭、交通、公共服务连接在一起。例如在个人产品领域，中国传统制造企业和新兴科技企业开发了有关监测、追踪、体感的可以直接穿戴在身上的便携式医疗设备，在软件支持下时刻监测、感知、记录、分析、调控、干预甚至治疗疾病或维护健康状态，其真正意义在于植入人体、绑定人体，识别人体的体态特征、状态，包括身体状况、运动状况、新陈代谢状况，让人们的生命和体态特征数据化。在家庭产品领域，一些行业领先品牌更注重技术和产品设计品质，向国际顶级时尚和品位迈进。以汽车为代表的交通领域、人机交互近年来备受关注，实现了从一键导航、娱乐逐步发展到自然交互的渐进式发展，在手势、增强现实和交互美学等方面也取得了一定的研究成果。在公共服务领域，移动、旅游和医疗等服务模式正在兴起，创新的产品和模式完美地体现了大数据和设计的结合。

## ➡➡专业的发展现状与趋势

工业设计是基于经济学、美学、工学而产生的交叉产物，与单纯的工艺制作加工生产不同，工业设计需要考量产品的成本、材料、模具和加工等。工业设计具有投入低、回报高、风险小等特点，并且对于帮助企业提升产品附加价值有着重要的作用。在高速发展的工业时代，社会对于工业设计行业

有着旺盛的需求。在产品升级、制造升级的推动下，工业设计行业将会有广阔的市场空间。工业设计专业的发展趋势概括为以下几点：

### ✣✣技术驱动

未来的工业设计将充分利用新技术、新材料、新工艺，使新产品更便利，更快速，更亲近易懂，更具个性化。数字化将全面改变人类的生活方式。更智能的 CAID 技术、先进的 CAD/CAE/CAM 技术、人机交互及耦合技术、神经网络技术、虚拟仿真技术和感性意向设计技术等将成为工业设计的主要支撑技术。利用这些先进技术，工业设计的研究层次将大大提高。

### ✣✣系统化

随着用户需求的多样化及大规模设计定制服务的发展，跨自然科学和人文科学等多学科交叉的系统设计必将成为工业设计发展的新方向，未来的工业设计将朝着多元化、高效化、一体化的方向发展。

### ✣✣生态设计

生态设计强调保护环境，节省资源，追求人类社会的可持续发展。生态设计是一种考虑到产品在整个生命周期内对环境减少影响的设计思想和方法，俗称绿色设计。生态设计在致力于优化环境性能的同时，也维持产品价格、性能和质量标准。随着人们对社会、生态问题的日益关注，生态设计或绿色设计是工业设计发展的必然选择。绿色设计包括面向再生的设计、面向装配的设计、面向生命周期的评估设计及基于低技术的可持续设计等。

### ✣✣服务设计和系统更新

工业社会是基于物质产品与制造的社会，信息社会可以理解为基于提供服务和非物质产品的社会。服务设计和社会生活系统的更新将是未来设计的重大课题。面向人文关怀、面向更优化社会服务系统的设计思想也将成为工业设计关注的方向。

## ➡➡学科理论体系

工业设计是以相关的人文科学和工程技术为理论基础的，是一种应用于产品、系统、服务以及体验等设计活动中策略性解决问题的应用学科。工业设计是一种跨学科的专业，并将创新、技术、商业、研究与消费紧密联系起来，共同进行创造性活动，将需要解决的问题和提出的解决方案进行可视化，重新解构问题，并将其作为更好的产品、系统、服务、体验或商业网络的机会，提供新的价值以及竞争优势。工业设计专业知识体系和工业设计专业课程体系分别如图 55 和图 56 所示。此外，核心专业类课程包括产品设计基础、专题设计、人机工程学及应用、感性工学、产品材料与加工工艺、用户研究、计算机辅助设计和设计管理等。

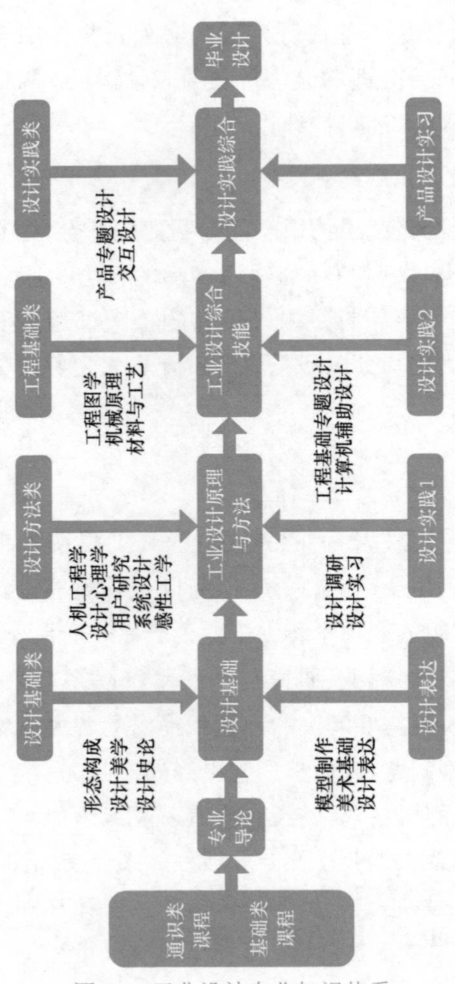


图 55　工业设计专业知识体系

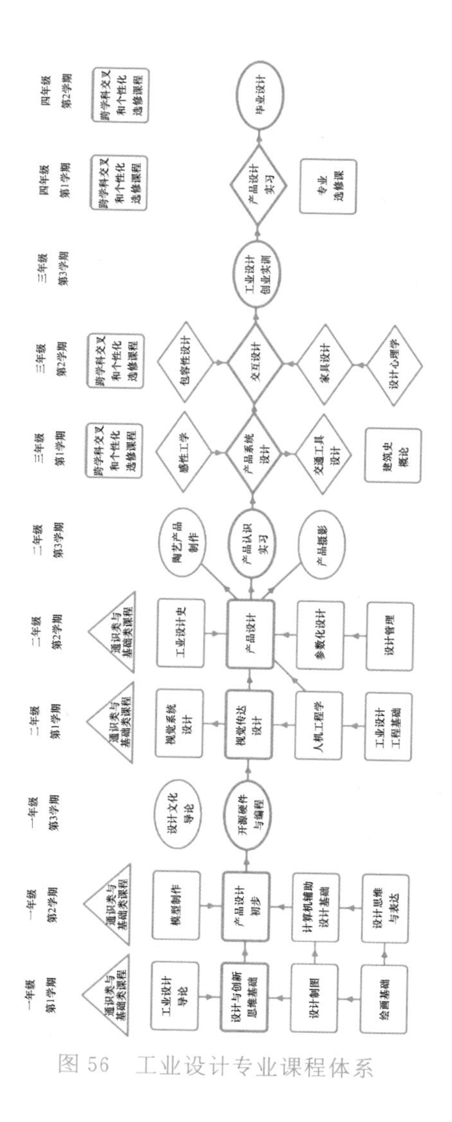


图 56　工业设计专业课程体系

### ➡➡专业能力与主干课程

工业设计专业学科基础类课程包括工业设计导论、设计创新与思维基础、设计制图、绘画基础、模型制作、计算机辅助设计基础和设计思维与表达等，主要培养学生在产品设计方面的创新思维方法与基本技能。专业类课程包括视觉系统设计、视觉传达设计、人机工程学、设计心理学、工业设计工程基础、设计管理工业设计史、产品设计、参数化设计、设计管理、感性工学、产品系统设计和交通工具设计等，教学内容覆盖工业设计专业的核心内容。专业方向特色课程包括交互设计、创业实训和专题设计等，专题设计的主题包括但不限于：交通工具与出行、生活美学与文化、健康关爱与医疗、高端装备制造、数字制造与智能硬件等，它是基于专业基础课与专业核心课程的拓展，旨在培养学生在工业设计及相关领域解决问题的能力。

## ▶▶机械家族后生可畏，新工科

### ➡➡新工科试点班

教育部积极推进新工科建设，部分高等学校以新工科研究与实践推动人才培养模式与教学改革，设立各类实验班、试点班和创新班等，或以某科学家姓名冠名的班级，以区分普通培养模式与适应课程体系而单列招生组班（录取分数线高于普通班级）。编者从数字经济视角阐述新工科背景，简单介绍新工科背景下机械类人才培养模式和专业试点班。

### ❖❖新工科背景

2020年，中国数字经济规模占GDP比重已近40%，对GDP贡献率近70%，数字经济增加值规模将突破40万亿元大关，这种“以数据为基础的经济”称为数字经济。随着物联网与互联网及数据技术应用到社会物质与精神文化生活的方方面面，社会活动数据的大幅度聚集与数据服务模式呈爆发式增长。

新经济的核心是创新驱动与数据承载，其特点为三新：新资源（数据资源）、新技术（数据技术）、新模式（生产关系）。新经济的表现形式是物联网、自动化、云计算、人工智能、互联网和大数据等。正是新经济时代的生活和工作数据环境，使得机械产品不仅要提供物理产品，而且要提供数据服务与消费功能，即应对数据获取、数据转化与数据服务三方面的挑战。不同产品有不同的应用场合、原理、功能、性能、操作流程和各种要求等，如何从机器构思、设计、制造、使用和维护的全生命周期赋予数据获取、数据转化和数据服务的功能，并在产品生产和运营中得以实施与实现，对当今机械行业而言，无论是制造商的产品构思、设计、制造、检验，还是用户的产品使用、运行与维护，与传统机械产品相比，均有本质区别，这是新经济时代对供需双方的新挑战。

新经济时代的机械企业，不仅出售机械产品，而且提供机械产品的数据服务与消费。机械产品消费产业链（制造商、供应链、用户运营）的数据获取、流动、转化，形成数据服务与消费产业链和生态环境，需要大局观，即站得高，看得

远，有远见卓识和新思维（发散型思维），包括数据视野、数据技术和数据模式。

数字经济持续快速发展源于生产力的发展和与之相适应的生产关系变革，生产力的发展来自数据技术进步与数据资源的广泛应用，生产关系的变革在于数据模式创新；无论是生产力中的技术进步，还是生产关系中的模式创新，都来自具有创新思维、数据视野和创业精神的卓越人才，因此，新工科人才培养模式、规格和内容均适应新经济发展需要的创新型人才需求。

### ❖❖新工科机械类人才培养模式

新工科即新经济时代的工程学科，也就是面向新经济时代工程产业的高等工程教育。新经济是新工科的动因，是新工科改革的出发点和落脚点。新工科机械类的培养目标是造就新经济时代机械行业/产业的卓越领导者，他们应具有创造性思维、大数据视野、技术创新能力和模式创新能力。

新工科机械类人才培养模式的核心在于人才培养方案，需要重构原有机械工程课程体系与环节，以相应的工程案例为载体，形成机器设计与制造数据资源、机器测控与数据技术、机器运行与经营管理数据模式三条主线，将创造性思维、大数据视野、技术创新能力和模式创新能力培养贯穿四年全部课程与环节，配备胜任的师资、相应的实践环节、教育教学技术和考核方式等。因此，新工科机械类人才培养模式通过造就人才，实现技术创新与模式创新，开拓新市场，引领新产业。

### ✣✣新工科机械类人才培养实验班与试点班

随着新工科研究的推进，许多高校机械类专业已经开设各类实验班、试点班，将新兴产业、领域与机械类专业结合，设置新方向，如智能制造、智能机器、机器人和智能设计等，开设新课程和环节，包括大数据、云计算、人工智能、机器人、区块链、虚拟现实、智能测试与控制等。机械制造企业正在由传统的纯机械装备制造向服务型制造转型，未来机械行业/企业需要与新经济和新兴产业相适应的实践能力强、创新能力强、具备大数据视野的高素质复合型新人才。

基于上述新工科人才规格和培养模式及课程体系的理解和认识，各高校开设新工科机械类人才培养实验班或试点班，在培养模式、课程设置、实践环节与条件、师资配置以及考核机制等方面进行探索和实践，通过附加措施（如奖学金、保研比例、小班教学等）增加招生宣传吸引力。由于人才成长过程的多样性与复杂性，这些试点班、实验班的教育教学改革是否有效贯彻新工科理念、人才培养模式和实践，能否得到预期效果等，往往需要更长的时间和数据进行跟踪研究与测评。

### ➡➡智能制造工程

根据《教育部关于公布 2017 年度普通高等学校本科专业备案和审批结果的通知》（教高函〔2018〕4 号）公告，我国高校首次开设智能制造工程专业。由于智能制造工程专业是新专业，对智能制造工程专业的人才培养定位、目标、规格

和内涵也未有共识，目前已有约200所不同类型和层次的高校依据各自学校类型和学科专业特点开设智能制造工程专业。

### ❖❖智能制造工程的内涵

对于机械工程学科而言，智能制造工程是基于机械工程的智能制造，或者是基于智能装备的制造工程，前者是面向各行各业机械的智能制造，即制造机器的智能化；而后者是面向制造业的装备智能化，有三个关键词：制造、工程、智能。

制造：应用物理、化学、生物学原理，经过规定的工艺流程和参数改变初始原料的物质性态和形态，形成输出产品，包括产品设计、制造原理、工艺过程、技术装备和生产管理等。

工程：产品制造原理与技术、产品生产过程与管理、产品供应链与市场销售、企业运营管理（管理＋人事＋财务＋决策）等。

智能：基于对象产品全生命周期（制造技术、制造装备、生产过程、用户使用和维护服务）的大数据获取、转化和应用服务，形成产品制造技术与过程的自学习、自维护与自决策（升级）系统。

因此，智能制造工程，无论是制造机器的智能化，还是制造业的装备智能化，仅仅是制造对象（机器或其他产品）不同而已，其内涵都是通过制造过程及其装备的智能化，使得产品质量、效率、效益具有强大的市场竞争力。

### ✣✣智能制造工程专业的人才定位

智能制造工程专业作为新工科专业，目的是培养机械工程领域的多类型高层次人才，包含以下几方面：

领军人才：培养一流企业家或智能制造科学家的潜力与素质。在产品开发上，有原理性创新与变革，成为所从事领域行业的智能制造企业的产品开拓者/领跑者；在产品制造方面，实现制造原理变革与技术创新，引领智能制造技术创新与应用的潮流；在企业发展模式与产品开发经营战略上，具有大数据思维与战略视野，实施模式创新与市场开拓，使企业快速成长壮大。

拔尖人才：培养智能制造企业总工程师或首席科学家的潜力与素质。具有大数据视野和技术与系统创新能力，在产品开发上有原理性改进与创新，在产品智能制造技术上应用数据技术（系统性与原理性），将传统制造企业转型升级为制造服务型企业；在产品经营上，具有数字经济时代的模式创新能力，使企业能够持续快速发展。

创新人才：培养智能制造技术专家/智能制造学者。具备足够的理论基础和工程实践创新能力，在产品技术开发创新、产品智能制造技术和产品经营上，具有创新意识、创新精神和创新能力，并能够推动制造企业转型升级，取得产品智能制造领域的创新成果。

卓越人才：培养智能制造领域的卓越工程师。具有扎实的理论基础和分析、解决复杂工程实际问题的能力，适应新

经济发展需要的、高质量的智能制造工程技术人才；在机械装备制造领域企业，解决智能制造产品设计/制造/管理与实施中的复杂技术问题。

特色与强竞争力人才：相对于传统机械类专业，智能制造工程专业的学生不仅能够掌握机械工程类的基础理论知识和具备工程实践能力，经过智能制造领域的训练，还能在创新性思维模式与大数据视野、数据资源、数据技术与数据服务应用方面具有显著的专业特色，尤其以应用数据思维、方法与技术等要素来提升、转型升级和解决制造企业/产品/技术等问题见长。

**✣✣培养模式**

新工科智能制造工程专业应用新工科人才培养新模式，在人才培养目标、培养模式和培养体系等方面要求如下：

培养目标：注重创新性思维、知识与能力达标，现有的全部学生通过的培养机制已不适用，需要建立筛选机制；新工科人才培养模式采用试点班方式，较动态筛选与递补机制更为合适；普通班按照常规培养计划和课程体系，逐步向试点班靠近。

培养模式：采用一二三四制，即：一贯穿，每组一个智能制造项目（含多个环节），贯穿四年课程与环节/多案例选择；二导向，能力导向与创新导向，一个项目组完成智能制造项目物理样机-数据/每组毕业设计结果考核，每人在大学四年内，需有一项发明专利；三融合，理论教学、实践环节与课外科技活动相融合，作业/实验/课程设计/毕业设计相呼应，减轻负担；四制，导师制＋项目制＋任务制＋淘汰制，其中导师制为分导师组，覆盖三个主线课程；项目制为分项目组，学生在入学后自由选择且中途不提倡更换，并鼓励跨学科和院系合作；任务制为每门主干课设置对应任务课题/属于项目一部分；淘汰制，由该班学生动态组成，不合格者即被淘汰。

培养体系：采用新工科人才培养新模式，包括课程体系、创新教育、创业教育和实践体系，各个体系与环节在知识与能力、理论与实践、创新与创业等方面相互呼应，各体系需要有明确的知识、能力、技术、模式的培养要求，如：课程体系，培养计划确定（依据培养目标确定课程内容/大纲）；创新教育，课程中贯穿智能制造案例教学与原理创新/技术创新内容；创业教育，智能制造案例教学过程贯穿团队协作/产品市场化数据服务内容；实践教学，智能制造案例贯穿四年教学，完成市场/设计/制造和数据服务过程。

### 课程体系

智能制造工程的课程体系有三条主线：智能机器设计与数据资源规划（智能机器设计制造与数据），智能机器运行数据获取与转化（智能机器运行测控与软件），智能机器消费与智能决策（企业运营/产品运行模式与数据消费及软件）。

## 机器人工程

机器人工程专业是2015年由教育部批准设立的自动化类新专业，对机器人工程专业的人才培养定位、目标、规格和

内涵尚未有共识，目前已有近300所不同类型和层次的高校开设本专业。

机器人工程作为机械、生物、自动化、计算机和人工智能等专业领域的交叉学科，既可以在自动化学科设立，也可以在机械工程学科设立，还可以在计算机学科设立。不同学校、不同院系与学科设立机器人工程专业时，人才培养层次和规格大不相同，所学课程和实践环节也不尽相同。显然，机器人工程专业应该是跨学科联合设立的专业，而不宜在现有学科体系划分下的院系设立。

### ❖❖专业背景

机器人，英文为Robot，它来源于捷克作家在1920年出版的科幻小说，意思是会劳动不会思考的苦力，第一次出现是在1941年的短篇小说《撒谎的人》。在中国，中文语境首先出现的词是机械手，含义是按照固定程序进行工作的装置。20世纪50年代后期，工业部门借用“机器人”这个词来称呼具有多轴运动、动作可编程的自动化机械装置。为了研究动物行为、人与机器交互规则和控制理论，威廉·格雷·沃尔特设计了一种移动的龟形机器载体，它是世界上第一个机器动物。

第一代机器人：机械手时代，按指令动作。第一代机器人其实是多自由度自动化设备，机械手等同于数控机床，1952年世界上第一台数控机床问世。机械手臂大显其能，人工智能的使用渐渐得以普及，技术方面的进步也开始惠及整个工业界。

第二代机器人：感知环境与反应，第一代工业机器人没有感知和适应周边环境变化的能力，人类从 20 世纪 60 年代开始通过软件编程，设计出可移动机器。感应技术的问世，使得机器人在朝不同方向行进时，能够通过摄像头、雷达传感器以及感应设备侦测周边的环境和场景并做出相应的变化。

第三代机器人：视觉-语言交流——机器大解放。随着计算机和软件技术的发展，机器人不仅感知能力得到强化，交互技术也有了长足进步，特别是算法软件和大数据技术使人工智能迈出了坚实的一步，使机器人具备了“思考能力”，而不用再受制于外部环境，可以通过摄像头、感应设备、软件以及制动器随机应变。

第四代机器人：技能超越人类。机器人的器官、功能与绩能正在突飞猛进。首先是机器人器件的微型化与连接性，体积堪比生物器官，而功能却超越人类。

### 专业内涵

本专业名称的字面释义就是人造动物（或模拟人）。就功能用途而言，目前机器人分为四类：工业机器人、服务机器人、仿生机器人和智能机器人。机器人工程作为培养新工科本科人才的专业，是以机械工程、控制科学与工程、计算机科学与技术、材料科学与工程、生物医学工程和认知科学等学科中涉及的机器人科学技术问题为研究对象，综合应用自然科学、工程技术、社会科学和人文科学等相关学科的理论、方法和技术，研究机器人的本体结构、运动学和动力学、感知与

智能、控制系统与优化设计，以及环境交互模式等学术问题的一个多领域交叉的前沿学科。

对于机器人学科而言，以一类生物的生理研究，其内涵十分广泛，主要有：机器人本体组织与结构，如躯干、肌肉、循环（液-气-电）、体格健康、生长、修复和自愈等；机器人神经感知与控制，如神经发育、生长、感知和反应等；机器人反应决策，如智力发育与推理思维、选择性反应和自我保护等；机器人代谢，如能量产生与消耗、体温及其维持、有源与无源能量供给等；机器人智能，如知识与学习、认知与智能、智商与能力等；机器人情感，如人机交互、生存和情感等。机器人学距离“人”的研究还相当遥远，但其前景非常广阔。

### ❖❖本专业的定位与培养模式

机器人工程专业人才培养规格与定位、培养模式与环节、课程体系与内容，三者相互呼应，培养规格与定位是前提。鉴于目前国内机器人产业和应用的现状，机器人工程专业人才培养规格与定位基本有三类：机器人学研究、机器人产品开发和机器人产品维护。本专业侧重于工业机器人领域，它与机械工程专业类似，培养掌握工业机器人技术工作必备的知识、技术，要求具有较强的实践能力、创新精神，主要从事机器人开发、设计与制造、运行和维护，机器人自动化生产线的设计、制造、运行管理等相关岗位工作，具有较强综合职业能力的高素质的专门人才。

### ❖❖本专业的培养计划与主干课程

机器人工程专业是典型的学科综合与交叉的专业，它具有“软硬结合”的特点，既重视理论学习，也强调动手实践能力。

机器人工程专业，本科的核心课程大致分为四类：一是公共基础课，包含数、理、电、信息的基础，如微积分或数学分析、大学物理、模拟与数字电子技术和计算机基础等；二是专业基础课，包含自动控制原理、嵌入式系统和工程力学等；三是专业核心课，包含机器人与人工智能导论、机器人学、机器人传感技术、机器视觉、机器人驱动与控制和人工智能与机器学习等；四是专业拓展课，包含机器人前沿、空中机器人、软体仿生机器人与智能材料、计算机控制系统设计与实践等。

本科阶段主要学习的基础课和专业课包括机器人技术基础、自动控制原理、机械学基础、机器人操作系统基础、机器人动力学控制、机器学习和人机交互与人机接口技术等，涵盖了人工智能、传感技术、机器人机构设计制造、系统集成和人机交互等，并且面向新工科建设和工程教育认证，加强了实践教学环节，安排了大量的实验、实习和实训课程。将所有课程分为不同的课群，采取渐进式、梯度式的培养模式进行教学工作。

## 机械，展示能力与魅力的成才之路

仰天大笑出门去，我辈岂是蓬蒿人。

——《南陵别儿童入京》

机械，在人们的日常生活和工作中随处可见。人们每天都在使用机械，机械既包括简单的玩具，也包括实用的生活用具、交通工具，还包括工业生产机器，甚至充满想象的登月机械和太空机械。功能和尺寸不一的机械样样俱全，适合不同兴趣、不同起点的人，老少皆宜。大学新生只要踏进机械领域的大门，就会发现感兴趣的机械，也会体验和感悟机械的魅力。机械专业就业面宽、职业发展前景好，各行各业都有机械专业的领军人物，学习机械专业，将大有作为！

### ▶▶机械工程/机械设计制造及其自动化专业

高等学校机械学科一般都按一级学科大类招生培养，机械工程专业与机械设计制造及其自动化专业的职业发展和就业领域基本相同，在此一并介绍。

## ➡➡职业发展

机械工程/机械设计制造及其自动化专业是机械大类的传统学科，也是机械大类中培养人才最多的学科。本专业培养的目标：具有高尚的品德和良好的人文修养及科学素养，扎实的自然科学与机械工程基础，较强的工程实践和持续学习能力，较好的团队精神、创新意识和国际视野，能够在机械设计、机械制造和机电控制等领域从事研究开发、设计制造、运营管理等相关工作的复合型高级工程技术人才。

机械工程/机械设计制造及其自动化专业的知识面宽、应用范围广，其研究对象存在于社会生产与生活的各个环节，如装备制造业、航空航天工业、IC 制造业、汽车工业、工程机械、家用电器制造业等。在国民经济和社会发展规划中，上述制造产业一直都是重点关注与发展的对象，也是实体经济的根基。目前，我国处于由“中国制造”向“中国创造”的转型期，既具有国际上最大的制造业量能支撑，也具备产业转型的技术条件，大量的机械设计与制造方面的技术有待突破。这些为本专业的毕业生提供了广阔的职业发展空间。

以装备制造业为例，它是为经济各部门进行简单生产、扩大再生产等提供装备的各类制造业的总称。装备制造业的产业范围包括金属制品业、通用装备制造业、专用设备制造业、交通运输设备制造业、电气机械及器材制造业、通信计算机及其他电子设备制造业、仪器仪表及文化办公用机械等 7 个大类 185 个小类，经济体量巨大。然而，我国的高端装备

制造业目前还受制于人，如高端机床、关键部件等，亟须相关的高级技术人才来促进产业的变革性发展。显然，在如此巨大的产业平台中，掌握了机械设计、机械制造和机电控制等专业知识的毕业生将在装备制造业中取得不错的成就。

与装备制造业类似，航空航天工业、IC 制造业、汽车工业、工程机械、家用电器制造业等均为本专业的毕业生提供了广阔的舞台，毕业生可以极大地发挥自己的聪明才智和社会价值。

### ➡➡就业领域

机械工程/机械设计制造及其自动化专业的毕业生具备机械设计、机械制造、工业自动化、控制、计算机、软件以及管理等方面的基本知识和专业技能，可以直接从事与机械和自动化产业相关的设计、制造、科研、开发、技术管理以及教学等工作，对于绝大多数制造业的工作具有较强的适应能力。另外，本专业强调宽口径、重基础，其培养模式与知识体系也适合立志以科技创新进行创业的学生。

机械工程/机械设计制造及其自动化专业在国民经济和社会发展中有着极其重要的作用，是装备制造业、能源产业、信息产业等国家支柱行业中人才需求量较大的专业之一。在《2020 年中国大学生就业报告》中，本专业的本科毕业生就业率与工资水平均名列前茅，就业率多年保持在92.5％以上，毕业生具有择业的主动权。由于行业人才需求量大，我国绝大多数理工科高校均开设了机械设计制造及其自动化专业。

机械设计制造及其自动化专业属于机械大类的传统学科，其毕业生的主要去向包括：机械装备制造企业、工业生产的一线企业、装备科研院所、第三方检测认证机构等，从事机械类产品的设计、制造、检测、维护以及制造企业管理等工作。在装备制造业的各个行业基本都有本专业的毕业生，我国的重大工程领域都有本专业毕业生的重要贡献，如高铁、核电、探月、深潜等。我国是制造大国，并且正在向制造强国迈进，制造业是国民经济的支柱产业，也是我国的重点发展产业，这为本专业的毕业生提供了很好的就业环境和广阔的发展空间。

随着科学技术的发展和产业之间的交融，越来越多的学科之间产生深度的交叉互联。本专业毕业生可快速适应制造业相关的产业，如仪器仪表产业、医疗设备产业等。此外，大量工程项目的开展也需要具有工程专业知识的管理人才、维护人才以及后市场服务人才。这些也为本专业毕业生的就业和职业发展提供了更多的选择。

### ▶▶机械电子工程专业

机械电子工程专业是机械大类的新兴学科，其关联产业的技术需求旺盛，毕业生职业发展前景广阔。本专业培养目标：具有高尚的品德和良好的人文修养及科学素养，扎实的自然科学与机械电子工程基础，较强的工程实践和持续学习能力，较好的团队精神、创新意识和国际视野，机械电子工程

专业技能，能在生产一线从事机械电子工程专业产品的设计制造、控制开发、应用研究和生产管理等工作的机、电、液、控一体化复合应用型高级专门人才。

### ➡➡职业发展

机械电子工程专业知识结构庞大、理论丰富、应用范围广泛，其研究对象存在于社会生产与生活的各个环节，如IC制造业、消费电子行业、家用电器制造业、汽车工业等。在这些产业中，机械电子系统是更新迭代最快的部分，例如在IC制造领域，每一代芯片的发布都是一次重要的技术进步；在消费电子领域，手机等消费品以几乎半年一代的速度更新；汽车中的机械电子系统是各品牌产商的主要竞争领域。我国在机械电子技术方面距离国际先进水平还有一些差距，需要大量的机械电子工程方面的技术人才进行集成攻关，这些都为本专业的毕业生提供了巨大的职业发展空间。

以微机电系统（MEMS）传感器为例，随着相关技术的发展，MEMS传感器的应用领域越来越广泛，由最早的工业、军用航空应用走向普通的消费市场。截至2020年，MEMS产业的市场规模已超过1 000亿美元，且增长迅速。我国对于MEMS传感器产业的发展也十分重视，从政策、资金、产业等方面给予了全方位的支持。由此可见，掌握机械、电子、测控、信息等专业知识的本专业毕业生在MEMS产业中将具有广阔的舞台。

关联产业的发展优势也是本专业毕业生职业发展前景

良好的主要原因。近年来，计算机产业、信息产业等始终保持快速的增长，在社会生产和日常生活中的影响不断增加，这些产业的发展与本专业的发展相互支撑，机械电子工程的影响力与应用领域也在不断增加。这些使得本专业毕业生可以在找到自己兴趣专业的同时，极大地发挥自己的聪明才智和社会价值。

### ➡➡就业领域

机械电子工程专业的毕业生具备机械设计制造、电工电子、计算机、测试控制、软件以及管理等方面的基本知识和专业技能，具有良好的知识融合与应用能力，可以直接从事与机械和电子产业相关的设计、制造、科研、开发、技术管理以及教学等工作，对于绝大多数机械制造业与电子制造业的工作具有较强的适应能力。另外，机电产品属于高附加值产品，其竞争壁垒相对较高，本专业也适合立志以科技创新进行创业的学生。

机械电子工程专业对于国民经济的发展和生活水平的提高具有重要的支撑作用，由于行业人才需求量大且关联产业新，很多学校都已开设了或正在准备增设机械电子工程专业。

机械电子工程专业毕业生的主要去向包括：机电产品设计与制造企业、消费电子的后市场企业、机电装备科研院所、第三方检测认证机构等，从事机械电子系统的设计、制造、检测、维护以及企业自动化生产线的管理等工作。除了机械大

类专业的传统就业领域外，本专业还可在电子工业、信息产业等领域内就职。我国的重大工程领域如航天系统工程、中国芯、5G、超级计算机等，都有本专业毕业生的重要贡献。本专业毕业生就业的主要行业有航空航天产业、消费电子产业、汽车制造业、家电行业、IC 制造行业、能源行业、测控行业、机床行业、机器人行业等。

### ▶▶材料成型及控制工程专业

大到国家经济建设和科学技术的发展，小到百姓的衣食住行，都与材料的发展密不可分，材料制备是现代社会的基石。通过先进的制备技术获得性能稳定的高品质产品，充分发挥材料的特性，使其为人类文明和科学技术进步提供有力的支持。为此，人们不断进行材料成型技术的改进和研究。由于材料的种类较为繁多，且被广泛地应用到各个不同的行业领域，现代市场对于材料的需求量日益增长，材料成型及控制专业需要不断地创新和改进材料的制备及分析方法，具有广阔的应用和研究前景。

#### ➡➡职业发展

传统的材料成型及控制通常是指铸造、锻压、焊接三大工艺。在传统制造方面，我国持续快速发展，建成了门类齐全、独立完整的产业体系，有力地推动了工业化和现代化进程，显著增强了综合国力。然而，与世界先进水平相比，我国传统制造业仍然大而不强，在自主创新能力、资源利用效率、产业结构水平、信息化程度、质量效益等方面尚有差距，亟须转型升级和跨越发展。

铸造行业是关系着国家经济和人民生活的重要行业，是汽车、石油、钢铁、电力、船舶、铁路、桥梁建筑等支柱型产业的基础，是装备制造业的重要组成部分。汽车中的发动机、变速箱等重要部件大多采取铸造工艺制成。电站、冶金和矿山等行业需要的重型设备大都依靠大型铸造零部件组装制成。由于我国部分复杂程度高的高精度铸件仍需依赖进口，因此绿色智能转型升级任务紧迫。近年来，我国铸造企业普遍对铸造装备进行了较大的投入，3D 打印机、自动化造型线、自动浇注机、工业机器人、大型压铸机等先进设备已经陆续投入铸造应用。随着科学技术的进步和市场对材料的需求，各种新型材料的研发也极大地促进了传统制造方法的升级。随着复合材料、电子材料、生物医用材料、能源材料、光学材料、磁性材料、智能材料、环保材料的发展，精密铸造、电磁连续铸造、上引铸造、电子封装、沉积生长等新型制备技术的智能化、自动化发展，都需要材料成型及控制工程的人才进行相关的技术研发和工艺设计研究。

在锻造行业中，我国现阶段的发展重点在技术和质量要求较高的重型装备制造和合金钢等特种金属材料的精密锻造、精密加工等领域。我国锻造行业技术进步和经济结构升级是锻造行业长期稳定发展的基本方向。锻造行业能源消费大，为了符合未来低碳可持续发展的发展趋势，锻造行业需要节能型、环保型生产设备的投入使用。对机械产品的品种、水平、质量和性能的需求也将有较大提高，具备高效、节能、低污染、智能化、成套化等特征的机械产品将逐步成为市场的主流，大尺寸集成电路单晶硅和无铅化自动化电子封装分别如图 57 和图 58 所示。

图 57　大尺寸集成电路单晶硅

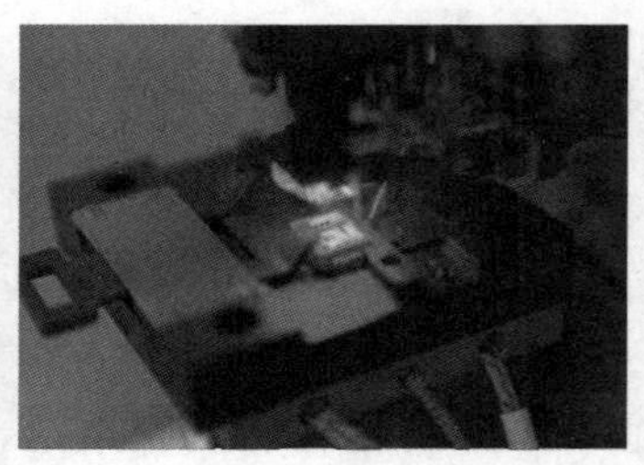

图 58　无铅化自动化电子封装

在未来，国内自动化焊接技术将以前所未有的速度发展，实现高效、自动化焊接技术。随着焊接技术的进步，会有越来越多的材料使用焊接技术来连接，焊接的应用领域也会越来越广。

## ➡➡就业领域

材料成型及控制工程专业涵盖材料科学与工程、机械工程、控制工程等学科。机械制造、船舶、石油化工、汽车、国防、航空航天、建筑和桥梁等行业对人才需求很大，尤其是装备制造业正处于大力发展阶段，对材料成型及控制工程专业人才的需求呈现上升趋势。

“厚基础、宽专业”是目前材料成型及控制工程专业培养人才的主要模式。材料成型及控制专业适应面广，就业机会多，职业发展空间大。学生毕业后可以进入钢铁企业、机械制造业、汽车及船舶制造业、金属及橡塑材料加工业等领域从事与焊接材料成型、模具设计与制造等相关的生产过程控制、技术开发、科学研究、经营管理、贸易营销等方面的工作。此专业与机械类专业有着类似的就业方向及成长路线。毕业生可以在航天航空、航海船舶、机械制造、石油化工、生物医学、能源燃料、电子封装等行业从事与材料专业相关的技术开发、管理、贸易等工作，也可在高等学校、科研院所等进行深造并从事教育教学和科学研究工作，可以选择在材料成型及控制工程、机械工程、机械制造及其自动化等相关专业攻读硕士研究生。

### ▶▶过程装备与控制工程专业

过程装备与控制工程专业是以过程装备设计基础为主体，过程原理与装备控制技术应用为两翼的学科交叉型专业。过程装备与控制工程专业的培养目标：具备自然科学基础知识、工程技术与科学基本知识以及过程装备与控制工程专业知识和实践能力，能在化工、冶金、轻工、能源、制药、环保、建材、食品、机械等领域从事过程装备的研究开发、设计制造、监测控制、安全保障、运行维护等工程技术，以及教育、管理工作或进入相关学校继续深造的高素质复合型工程科技专门人才。

### ➡➡职业发展

2021 年 3 月，国家发布了《国民经济和社会发展第十四个五年规划和 2035 年远景目标纲要》。“十四五”规划提出

培育先进制造业集群，推动集成电路、航空航天、船舶与海洋工程装备、机器人、先进轨道交通装备、先进电力装备、工程机械、高端数控机床、医药及医疗设备等产业创新发展。石油和化学工业是我国经济发展主要支柱之一，产业发展空间依然广阔，本专业的人才需求也依然旺盛。“工业 4.0”和“中国制造 2025”战略的提出代表了未来装备制造业的发展方向，石油和化学工业以自动化、信息化、智能化以及互联网应用为突破口，本专业的毕业生也将在智能研发、智能制造、智能营销、智能管理等方面取得成就。此外，在“一带一路”倡议下，我国过程装备制造业将深度融入国际分工协作，并在产业价值链分工中从中低端向高端逐步提升，本专业的毕业生也将在国际舞台上取得更大成就。

➡➡就业领域

过程装备与控制工程专业在国民经济和社会发展中有着极其重要的作用，是石油、化工、能源、动力、信息等国家支柱行业中需求量较大的专业之一。过程装备与控制工程专业毕业生具备化学工程、机械工程、控制工程和管理工程等方面的基本知识和技能，可直接从事化工、炼油、医药、轻工、环保等过程设备与过程计算机自动控制的设计、研究、开发、制造、技术管理和教学等工作，对于与机电类有关的工作具有较强的适应能力。

## ▶▶车辆工程和汽车服务工程专业

汽车产品融合了机械、能源、材料、人工智能、大数据、信息、控制、计算机等多学科领域知识，涉及研究开发、设计制造、试验检测、运行管理和回收报废等多方面理论和技术，可以分为整车设计与底盘控制、车身工程与智能制造、汽车电子与智能汽车、汽车现代服务等多个学科方向，能够极大地满足不同人的兴趣和爱好。

## ➡➡职业发展

汽车产业正经历一场由电动化、智能化和网联化浪潮开启的百年未有之大变局。围绕新能源汽车、智能网联汽车、出行服务等方向的新技术、新产品、新模式、新业态层出不穷。传统的汽车产业又重新登上了朝阳产业的大舞台，对专业人才求贤若渴。除了汽车本身的设计以外，汽车的加工制造和运行服务也在不断地发展，新的管理形式和理念层出不穷。汽车产品在"工业 4.0"中蕴藏的巨大开发潜力，能够为几代人提供实现梦想的舞台。

汽车是"衣食住行"中重要的组成部分，已经成为人类文明的重要载体和体现形式。截至 2020 年，我国汽车保有量突破 2.8 亿辆。我国汽车制造业在 41 个工业行业中的年销售收入已由 2000 年的第 10 位攀升至 2020 年的第 2 位，仅次于计算机、通信和其他电子设备制造业。

企查查大数据研究院 2021 年伊始发布的《近十年新能源汽车投融资数据报告》显示，2020 年我国新能源汽车行业融资总金额首次突破 1 000 亿元，同比增长 159.4%。汽车产业是一个关联度非常大的产业，在自身发展的同时还可以

带动若干上下游产业，从而促进整个社会经济的发展。然而，相关人才的匮乏逐渐成为制约汽车产业快速发展的最大瓶颈，国务院、人力资源和社会保障部先后都把汽车类专业人才列入紧缺人才、急需人才行列。

### ➡➡就业领域

车辆工程专业毕业生面向的就业主体行业是汽车制造相关企业，从事车辆设计、研发和制造等工作。汽车的研发和制造需要众多专业领域的人才，包括汽车领域人才、计算机领域人才、自动控制领域人才、人工智能领域人才、信号处理领域人才以及通信等领域人才。其中，汽车领域人才始终是汽车研发和制造的核心人才，发挥着“车间主任”的作用。除了汽车制造类企业，本专业毕业生还可以就职于火车、电车、卡车、地铁和轻轨等其他车辆制造类行业。

汽车服务工程专业毕业生掌握机械和车辆工程的基础理论知识，具备解决从新车使用到汽车报废回收的全过程中的工程技术问题的能力，同时具备一定的管理能力和现代服务知识，主要在汽车制造企业、汽车运输企业、汽车销售及售后服务行业和贸易部门等从事汽车技术服务、汽车贸易服务、汽车保险服务等工作。

车辆工程专业和汽车服务工程专业的毕业生面向的主体行业是汽车工业，相关企业多为大型或特大型企业集团，这些企业管理规范、抗风险能力强、社保福利制度健全、培训制度安排合理、给予员工的工作岗位稳定。汽车相关专业的人才在这些企业中属于核心人员，随着工作经验的增加其技术水平和管理水平都会得到大幅提升。

## ▶▶工业设计专业

### ➡➡职业发展

美国哈佛大学教授海斯曾预言："现在企业靠价格竞争，明天将靠质量竞争，未来靠设计竞争。"如今，这个预言正被无数企业的发展事实所佐证，工业设计已成为制造业竞争的源泉和核心的竞争力之一。工业设计师在产品研发中起到举足轻重的作用。工业设计作为一种创意性的活动，追求艺术、技术与功能的统一。创意要求的不仅仅是造型的创新，更是要成为整个产品开发的核心，成为推动产品开发与创新的动力。工业设计师必须具备的素质有知识、技能、价值观、鉴赏力、创造力等。工业设计师的能力来源于工业设计实践过程，与工业设计知识和技能有着密不可分的关系。

由于工业设计专业依托工业制造背景，职业发展一般与工程设计人员类似，但是也会依据具体的行业部门有所区别。根据不同行业产品属性的区别，工业设计师的具体角色不同。例如在汽车工业领域，工业设计师可以细分为草图设计师、A面工程师、模型设计师、内饰设计师等。在互联网行业，工业设计的岗位包括交互设计师、体验设计师、界面设计师等。一般来讲，工业设计师职业生涯是从专才到通才的转变，其职位一般从设计助理、设计师，向设计经理过渡，其工作重心也从具体的设计实务过渡到具有设计统筹能力的设计管理，工作

一般包括管理公司的设计资源、招募设计师、设计活动的组织与推进、新设计工具与技巧的培训等，以保证设计活动有效运行。

### ➡➡就业领域

工业设计就业大方向主要包括：一是高等院校和企业的设计部门，主要从事教育研究和具体的产品设计实务；二是独立的工业设计机构，如各类设计公司等；三是政府支持的设计机构，如各类设计协会等，专门从事创意产业发展、承担设计产业政策规划研究、提供企业设计咨询指导和开展交流合作、召开各种专业会议和专业培训的机构。从就业的行业来分析，工业设计专业毕业生的就业领域较宽泛，包含各个工业门类，如航空航天、轻工家电、机械重工、装备制造、汽车工业、轨道交通、互联网行业等，也包括各类科研院所。

随着新科技的普及以及民众生活水平的提高，未来全球工业设计将出现新的潮流，工业设计也将越来越受重视，市场将会需求更多的专业设计人才。

# 参考文献

［1］ 张策.机械工程史[M].北京：清华大学出版社，2015.
［2］ [美]乔利昂·戈达德.科学与发明简史[M].迟文成，主译.上海：科学技术文献出版社，2011.
［3］ 中国科学院自然科学史研究所 近现代科学史研究室.20 世纪科学技术简史[M].北京：科学出版社.1985.
［4］ 中国机械工程学会.中国机械工程技术路线图[M].北京：中国科学技术出版社，2011.
［5］ 刘二中.技术发明史[M].2 版.合肥：中国科学技术大学出版社，2006.
［6］ 孙立冰，赵飞.世界工厂迁徙史[M].北京：人民邮电出版社，2009.
［7］ 黄正柏.世界通史(现代卷)[M].武汉：华中师范大学出版社，2006.
［8］ 石钟慈.第三种科学方法——计算机时代的科学计算[M].广州：暨南大学出版社，2000.

[9] 肖永清，杨忠敏.汽车的发展与未来[M].北京：化学工业出版社，2004.

[10] 国家自然科学基金委员会工程与材料科学部.机械工程学科发展战略报告(2011－2020)[M].北京：科学出版社，2010.

[11] 王孙安.机械电子工程原理[M].北京：机械工业出版社，2010.

[12] 李蕾，王小捷.机器智能[M].北京：清华大学出版社，2016.

[13] [德]奥拓·布劳克曼.智能制造：未来工业模式和业态的颠覆与重构[M].张潇，郁汲，译.北京：机械工业出版社，2015.

[14] 陈黄祥.智能机器人[M].北京：化学工业出版社，2012.

[15] [英]维克托·迈尔-舍恩伯格，肯尼思·库克耶.大数据时代[M].盛杨燕，周涛，译.杭州：浙江人民出版社，2013.

# “走进大学”丛书拟出版书目

什么是机械？　邓宗全　中国工程院院士
哈尔滨工业大学机电工程学院教授(作序)
王德伦　大连理工大学机械工程学院教授
全国机械原理教学研究会理事长

什么是材料？　赵　杰　大连理工大学材料科学与工程学院教授
宝钢教育奖优秀教师奖获得者

什么是能源动力？
尹洪超　大连理工大学能源与动力学院教授

什么是电气？　王淑娟　哈尔滨工业大学电气工程及自动化学院院长、教授
国家级教学名师
聂秋月　哈尔滨工业大学电气工程及自动化学院副院长、教授

什么是电子信息？
殷福亮　大连理工大学信息与通信工程学院教授
入选教育部“跨世纪优秀人才支持计划”

什么是自动化？王　伟　大连理工大学控制科学与工程学院教授
国家杰出青年科学基金获得者(主审)
王宏伟　大连理工大学控制科学与工程学院教授
王　东　大连理工大学控制科学与工程学院教授
夏　浩　大连理工大学控制科学与工程学院院长、教授

什么是计算机？嵩　天　北京理工大学网络空间安全学院副院长、教授
北京市青年教学名师

什么是土木工程？李宏男　大连理工大学土木工程学院教授
教育部“长江学者”特聘教授
国家杰出青年科学基金获得者
国家级有突出贡献的中青年科技专家

什么是水利？　张　弛　大连理工大学建设工程学部部长、教授

教育部“长江学者”特聘教授

国家杰出青年科学基金获得者

什么是化学工程？

贺高红　大连理工大学化工学院教授

教育部“长江学者”特聘教授

国家杰出青年科学基金获得者

李祥村　大连理工大学化工学院副教授

什么是地质？　殷长春　吉林大学地球探测科学与技术学院教授(作序)

曾　勇　中国矿业大学资源与地球科学学院教授

首届国家级普通高校教学名师

刘志新　中国矿业大学资源与地球科学学院副院长、教授

什么是矿业？　万志军　中国矿业大学矿业工程学院副院长、教授

入选教育部“新世纪优秀人才支持计划”

什么是纺织？　伏广伟　中国纺织工程学会理事长(作序)

郑来久　大连工业大学纺织与材料工程学院二级教授

中国纺织学术带头人

什么是轻工？　石　碧　中国工程院院士

四川大学轻纺与食品学院教授(作序)

平清伟　大连工业大学轻工与化学工程学院教授

什么是交通运输？

赵胜川　大连理工大学交通运输学院教授

日本东京大学工学部 Fellow

什么是海洋工程？

柳淑学　大连理工大学水利工程学院研究员

入选教育部“新世纪优秀人才支持计划”

李金宣　大连理工大学水利工程学院副教授

什么是航空航天？

万志强　北京航空航天大学航空科学与工程学院副院长、教授

北京市青年教学名师

杨　超　北京航空航天大学航空科学与工程学院教授

入选教育部“新世纪优秀人才支持计划”

北京市教学名师

什么是环境科学与工程？

陈景文　大连理工大学环境学院教授
　　　　教育部“长江学者”特聘教授
　　　　国家杰出青年科学基金获得者

什么是生物医学工程？

万遂人　东南大学生物科学与医学工程学院教授
　　　　中国生物医学工程学会副理事长（作序）
邱天爽　大连理工大学生物医学工程学院教授
　　　　宝钢教育奖优秀教师奖获得者
刘　蓉　大连理工大学生物医学工程学院副教授
齐莉萍　大连理工大学生物医学工程学院副教授

什么是食品科学与工程？

朱蓓薇　中国工程院院士
　　　　大连工业大学食品学院教授

什么是建筑？

齐　康　中国科学院院士
　　　　东南大学建筑研究所所长、教授（作序）
唐　建　大连理工大学建筑与艺术学院院长、教授
　　　　国家一级注册建筑师

什么是生物工程？

贾凌云　大连理工大学生物工程学院院长、教授
　　　　入选教育部“新世纪优秀人才支持计划”
袁文杰　大连理工大学生物工程学院副院长、副教授

什么是农学？

陈温福　中国工程院院士
　　　　沈阳农业大学农学院教授（作序）
于海秋　沈阳农业大学农学院院长、教授
周宇飞　沈阳农业大学农学院副教授
徐正进　沈阳农业大学农学院教授

什么是医学？

任守双　哈尔滨医科大学马克思主义学院教授

什么是数学？

李海涛　山东师范大学数学与统计学院教授
赵国栋　山东师范大学数学与统计学院副教授

什么是物理学？

孙　平　山东师范大学物理与电子科学学院教授
李　健　山东师范大学物理与电子科学学院教授

| | | |
|---|---|---|
| 什么是化学？ | 陶胜洋 | 大连理工大学化工学院副院长、教授 |
| | 王玉超 | 大连理工大学化工学院副教授 |
| | 张利静 | 大连理工大学化工学院副教授 |
| 什么是力学？ | 郭　旭 | 大连理工大学工程力学系主任、教授<br>教育部“长江学者”特聘教授<br>国家杰出青年科学基金获得者 |
| | 杨迪雄 | 大连理工大学工程力学系教授 |
| | 郑勇刚 | 大连理工大学工程力学系副主任、教授 |
| 什么是心理学？ | 李　焰 | 清华大学学生心理发展指导中心主任、教授(主审) |
| | 于　晶 | 辽宁师范大学教授 |
| 什么是哲学？ | 林德宏 | 南京大学哲学系教授<br>南京大学人文社会科学荣誉资深教授 |
| | 刘　鹏 | 南京大学哲学系副主任、副教授 |
| 什么是经济学？ | 原毅军 | 大连理工大学经济管理学院教授 |
| 什么是社会学？ | 张建明 | 中国人民大学党委原常务副书记、教授(作序) |
| | 陈劲松 | 中国人民大学社会与人口学院教授 |
| | 仲婧然 | 中国人民大学社会与人口学院博士研究生 |
| | 陈含章 | 中国人民大学社会与人口学院硕士研究生<br>全国心理咨询师(三级)、全国人力资源师(三级) |
| 什么是民族学？ | 南文渊 | 大连民族大学东北少数民族研究院教授 |
| 什么是教育学？ | 孙阳春 | 大连理工大学高等教育研究院教授 |
| | 林　杰 | 大连理工大学高等教育研究院副教授 |
| 什么是新闻传播学？ | | |
| | 陈力丹 | 中国人民大学新闻学院荣誉一级教授<br>中国社会科学院高级职称评定委员 |
| | 陈俊妮 | 中央民族大学新闻与传播学院副教授 |
| 什么是管理学？ | 齐丽云 | 大连理工大学经济管理学院副教授 |
| | 汪克夷 | 大连理工大学经济管理学院教授 |
| 什么是艺术学？ | 陈晓春 | 中国传媒大学艺术研究院教授 |